国家出版基金项目
NATIONAL PUBLICATION FOUNDATION

"十二五"国家重点图书出版规划项目

青少年太空探索科普丛书

人类为什么要建空间站

U0251157

焦维新◎著

在历史的长河中，

礼炮号、天空实验室、和平号、国际空间站，

足迹熠熠生辉，

空间站里面有什么？

中国未来的"天宫"会是什么样子呢？

让我们带您走入书中寻找答案。

知识产权出版社
全国百佳图书出版单位

图书在版编目（CIP）数据

人类为什么要建空间站 / 焦维新著. —— 北京 : 知识产权出版社, 2017.8（重印）
（青少年太空探索科普丛书）
ISBN 978-7-5130-3638-2

Ⅰ. ①人… Ⅱ. ①焦… Ⅲ. ①星际站 – 青少年读物Ⅳ. ①V476.1–49

中国版本图书馆CIP数据核字(2015)第156480号

内容提要

礼炮号、天空实验室、和平号、国际空间站，每一个闪光的名字背后都有一串生动的故事。本书采用百余幅高清的珍贵图片，条分缕析，全面讲述空间站的发展历程，精准再现"空间大厦"拔地而起的雄伟风姿，与读者一同展望空间站未来的发展趋势。同时，本书采用生动活泼的语言、全面翔实的资料，介绍了空间站在深空探测、科学试验等方面发挥的巨大作用。中国的空间站在时代大潮中将取得飞速发展，如何建造我们的"天宫"，也将是我们重点关注的话题。

责任编辑： 陆彩云　许波　　　　　　　**责任出版：** 刘译文

青 少 年 太 空 探 索 科 普 丛 书
人类为什么要建空间站　RENLEI WEISHENME YAO JIAN KONGJIANZHAN
焦维新　著

出版发行 知识产权出版社有限责任公司　　**网　　址：** http://www.ipph.cn
　　　　　　　　　　　　　　　　　　　　　　　　　　http://www.laichushu.com
电　　话： 010-82004826
社　　址： 北京市海淀区气象路 50 号院　　**邮　　编：** 100081
责编电话： 010-82000860 转 8110/8540　　**责编邮箱：** xbsun@163.com
发行电话： 010-82000860 转 8101/8029　　**发行传真：** 010-82000893/82003279
印　　刷： 北京建宏印刷有限公司　　　　　**经　　销：** 各大网上书店、新华书店
开　　本： 720mm×1000mm　1/16　　　　**印　　张：** 10.25
版　　次： 2015 年 11 月第 1 版　　　　　**印　　次：** 2017 年 8 月第 2 次印刷
字　　数： 141千字　　　　　　　　　　　**定　　价：** 39.00元

ISBN 978-7-5130-3638-2

自序

在北京大学讲授"太空探索"课程已近二十年，学生选课的热情和对太空的关注度，给我留下了深刻的印象。这门课程是面向文理科学生的通选课，每次上课限定二百人，但选课的人数有时多达五六百人。近年来，我加入了"中国科学院老科学家科普演讲团"，每年在大、中、小学及公务员中作近百场科普讲座。广大青少年在讲座会场所洋溢出的热情令我感动。学生听课时的全神贯注、提问时的踊跃，特别是讲座结束后众多学生围着我要求签名的场面，使我感触颇深，学生对于向他们传授知识的人是多么敬重啊！

上述情况说明，广大中小学生和民众非常关注太空活动，渴望了解太空知识。正是基于这样的认识，我下决心"开设"一门中学生版的"太空探索"课程。除了继续进行科普宣传外，我还要写一套适合于中小学生的太空探索科普丛书，将课堂扩大到社会，使读者对广袤无垠的太空有系统的了解和全面的认识，对空间技术的魅力有深刻的体会，从根本上激励青少年热爱科学、刻苦学习、奋发向上，树立为祖国的科技腾飞贡献力量的理想。

我在着手写这套科普丛书之前，已经出版了四部关于空间科学与技术方面的大学本科教材，包括专为太空探索课程编著的教材《太空探索》，但写作科普书还是第一次。提起科普书，人们常用"知识性、趣味性、可读性"来要求，但满足这几点要求实在太不容易了。究竟选择哪些内容？怎样使读者对太空探索活动和太空科学知识产生兴趣？怎样的深度才能适合更多的人阅读？这些都是需要逐步摸索的。

为了跳出写教材的思路，满足知识性、趣味性和可读性的要求，本套丛书写作伊始，我就请夫人刘月兰做第一个读者，每写完两三章，就让她阅读，并分为三种情况。第一种情况，内容适合中学生，写得也较通俗易懂，这部分就通过了；第二种情况，内容还比较合适，但写得不够通俗，用词太专业，对于这部分内容，我进一步在语言上下功夫；第三种情况，内容太深，不适于中学生阅读，这部分就删掉了。儿子焦长锐和儿媳周媛都是从事社会科学的，我也让他们阅读并提出修改意见。

科普书与教材的写作目的和要求大不一样。教材不管写得怎样，学生都要看下去，因为有考试的要求；而对于科普书来说，阅读科普书是读者自我教育的过程，如果没有兴趣，看不下去，知识性再强，也达不到传递知识的目的。因此，对科普书的最基本要求是趣味性和可读性。

自加入中国科学院老科学家科普演讲团后，每年给大、中、小学生作科普讲座的次数明显增多。这种经历使我对不同文化水平人群的兴趣点、接受知识的能力等有了直接的感受，因此，写作思路也发生了变化。以前总是首先考虑知识的系统性、完整性和逻辑性，现在我首先考虑从哪儿入手能引起读者的兴趣，然后逐渐展开。科普书不可能有小说或传记文学那样动人的情节，但科学上的新发现、科技在推动人类进步方面的巨大作用、优秀科学家的人格魅力，这些材料如果组织得好，也是可以引人入胜的。

内容是图书的灵魂，相同的题材，可以有不同的内容。在内容的选择上，我觉得科普书应该给读者最新的、最前沿的知识。例如，《太空资源》一书中，我将哈勃空间望远镜和斯皮策空间望远镜拍摄到的具有代表性的图片展示给读者，这些图片都有很高的清晰度，充满梦幻色彩，非常漂亮，让读者直观地看到宇宙深处的奇观。读者在惊叹之余，更能领略到人类科技的魅力。

在创作本套丛书时，我尽力在有关的章节中体现这样的思想：科普图书不光是普及科学知识，更重要的是要弘扬科学精神、提高科学素养。太空探索之路是不平坦的，充满了挑战，航天员甚至要面对生命危险。科学家们享受过成功的喜悦，也承受了一次次失败的打击。没有强烈的探索精神，没有坚强的战斗意志，人类不可能在太空探索方面取得如此辉煌的成就。

现在呈现给大家的《青少年太空探索科普丛书》，系统地介绍了太阳系天体、空间环境、太空技术应用等方面的知识，每册一个专题，具有相对独立性，整套则使读者对当今重要的太空问题有系统的了解。各分册分别是《月球文化与月球探测》《遨游太阳系》《地外生命的365个问题》《间谍卫星大揭秘》《人类为什么要建空间站》《空间天气与人类社会》《揭开金星神秘的面纱》《北斗卫星导航系统》《太空资源》《巨行星探秘》。经过知识产权出版社领导和编辑的努力，这套丛书已经入选国家新闻出版广电总局"十二五"国家重点图书出版规划项目，其中《月球文化与月球探测》已于2013年11月出版，并获得科技部评选的2014年"全国优秀科普作品"，其他九个分册获得2015年度国家出版基金的资助。

　　为了更加直观地介绍太空知识，本丛书含有大量彩色图片，书中部分图片已标明图片来源，其他未标注图片来源的主要取自美国国家航空航天局（NASA）、太空网（www.space.com）、喷气推进实验室（JPL）和欧洲空间局（ESA）的网站，也有少量图片取自英文维基百科全书等网站。在此对这些网站表示衷心的感谢。

　　鉴于个人水平有限，书中不免有疏漏不妥之处，望读者在阅读时不吝赐教，以便我们再版时做出修正。

目录
CONTENTS

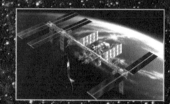

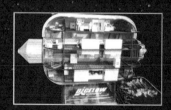

第1章

从太空竞赛到太空握手

在人类进入太空时代以来，美国和苏联先是处于太空竞赛状态。从弹道导弹到人造卫星，从载人航天到月球争霸，竞争日趋激烈。其结果被形容为"苏联赢得了开始，美国笑到了最后"。通过太空竞赛，美苏两国也看到了各自的强项和短板，意识到在太空领域加强合作的必要性，于是美苏两国由太空"竞赛"变为太空"握手"。

本页图为阿波罗18号飞船（左）和联盟19号飞船（右）对接模型。

什么是太空竞赛

从弹道导弹到人造卫星

太空竞赛是指从1957年到1975年，美国和苏联在开发人造卫星、载人航天和月球探测等空间探索领域的竞争。太空竞赛源于第二次世界大战后国际关系的紧张以及冷战的开始。1957年8月，苏联成功发射了第一枚洲际弹道导弹，并于1957年10月4日成功发射第一颗人造地球卫星，这标志着太空竞赛的正式开始。由于涉及尖端技术和国防科技，太空竞赛在某种意义上也是军备竞赛的一种体现。而太空技术因其在军事上的应用潜力而成为这场角逐中的焦点。

太空竞赛的基础源于火箭技术的成熟。第二次世界大战期间，德国在火箭技术方面居于领先地位。冯•布劳恩博士与其设计的V2火箭成为第二次世界大战后期美国与苏联暗中争夺的焦点。第二次世界大战结束后，冯•布劳恩等大批德国科学家被俘并被秘密转移到美国，加入了美国军方发起的名为"回纹针行动"（Operation Paperclip）的中程弹道导弹研发计划。该计划在V2设计思想的基础上研制了"红石"和"丘比特"中程弹道导弹。依据《北大西洋公约》的相关规定，美国可以将这些导弹部署在射程可覆盖苏联和东欧平原地区的欧洲国家。

20世纪50年代，由于没有可攻击美国本土的中程导弹，苏联备感威胁。随后，在著名火箭专家科罗廖夫的主持下，苏联加快了洲际弹道导弹研发计划。当时科罗廖夫对其掌握的一部分从德国缴获的V2火箭设计资料并不满意，他带领自己的团队另行设计了R-7弹道导弹，这就是1957年8月人类试射成功的第一枚洲际弹道导弹。

在同一时期的美国，洲际弹道导弹的研发却因军方内部不同兵种之间的竞争和各自为政而进度缓慢（当时美国陆、海、空三军都试图让自己先掌握所谓的"军事太空权"）。1959年，美国第一枚洲际弹道导弹"宇宙神"研制成功。但它与苏联的R-7弹道导弹都有一个较大的弱点，即需要庞大的固定发射装置，这使得它们面对空袭的防御能力很差。20世纪60年代以来，美国先后研制成功了"民兵""北极星"和"天空闪电"等使用固体燃料火箭推进的洲际弹道导弹。与此同时，英国也自行研发了"蓝光"火箭，但由于无法找到一处远离人口稠密区的发射场，而一直未投入使用。

1957年10月4日，苏联成功发射了第一颗人造地球卫星斯普特尼克1号，这成为太空竞赛的正式开端，并开启了人类的航天时代。当时，苏联国内正处于从战争破坏中恢复的阶段，人造卫星的发射成功极大地鼓舞了民众士气，引起公众广泛关注。

尽管斯普特尼克1号没有对美国造成实质上的威胁，但20世纪50年代到60年代，正是美国与苏联冷战的顶峰时期，所以，从国际影响力的意义上看，这颗卫星实质上是扇了美国人一记响亮的政治耳光。美国人认为，如果苏联能够让卫星绕地球轨道飞行，那么苏联就可能在事先不发

▲ 苏联的洲际弹道导弹

出任何警告的情况下轻而易举地用火箭把他们的核武器投到美国。有些美国人甚至将这颗卫星的发射成功形容为"冷战时期的珍珠港"。

作为回应，美国采取了一系列措施以夺回技术优势。1957年，国会通过了艾森豪威尔总统签署的《国防教育法案》。该法案授权将10多亿美元用于学校改造、提供奖学金和助学贷款，以帮助学生在完成高等教育的同时发展职业教育，弥补国防工业人力短缺问题。

1958年1月31日，在斯普特尼克1号发射成功4个月后，美国发射了自己的第一颗人造卫星——探索者1号。但在此前，探索者1号的发射经过了数次难堪的失败。

早期几次卫星发射都有其科学用途，探索者1号参与了对高层大气层密度的测量，美国学者范·艾伦利用探索者1号的探测数据发现了地球周围的辐射带。

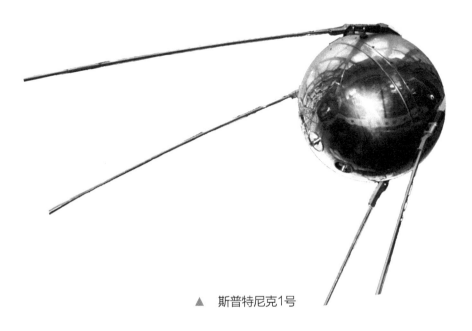

▲ 斯普特尼克1号

载人航天的新纪元

1961年4月12日，苏联成功地发射了第一艘载人飞船"东方一号"，尤里·加加林成功地完成了划时代的太空飞行任务，从而实现了人类遨游太空的梦想，开创了世界载人航天的新纪元，揭开了人类进入太空的序幕。东方一号载人飞船质量为4.725吨，由载人舱与设备舱组成。前舱是直径2.3米的球体，后舱是直径2.58米、长3米的圆柱舱段，后舱装有氮气和氧气瓶、无线电设备所用的化学电池及姿态控制发动机与反推火箭等设备。

东方一号载人飞船在169千米×327千米高的椭圆轨道上绕地球飞行一周，历时108分钟。在返回途中距地面7千米时，加加林从座舱里弹出，靠降落伞安全落在田野上，完成了划时代的飞行。他返回地面时说道："我看啊看啊，就是没有看到上帝。"

▲ 东方一号载人飞船

苏联载人飞船的成功再一次给美国政府带来尴尬。大多数美国人对美国总当"老二"已经感到很不耐烦，媒体开始向时任总统肯尼迪发难，问他打算怎么办。他的回答是："别人再怎么烦也没我烦得厉害，可事实是这需要时间，我想我们必须认识到这一点。"

加加林的太空飞行并非是在美国全无戒备的情况下发生的。自1958年以来，美国一直做着把人送上太空的努力。1958年7月，艾森豪威尔总统签署了一项法令，成立了美国国家航空航天局（NASA）。成立NASA的目的之一，是提高民众兴趣并加强美国在太空中的领先地位。于是，NASA立即着手实施水星计划，其目的是将美国航天员送上太空。

1961年5月5日，美国航天员谢巴德乘坐水星号飞船完成了一次亚轨道飞行，其飞行距离仅有加加林航程的八分之一，但他归来时仍成为美国公众心目中的英雄。可当时苏联领导人赫鲁晓夫却根本不把它当回事儿，他说，同苏联人相比，水星号的首次飞行充其量是"跳蚤的一跃"而已。此次飞行数周后，美国总统肯尼迪在国会发表讲话，向世界宣称美国要把航天员送上月球。他的这一讲话为整个20世纪60年代的美国太空计划定下了调子。

成功的双子星计划

双子星计划是美国的第二个载人航天计划，预计从1965年至1966年共实施10次载人飞行。该计划实施于水星计划和阿波罗计划之间，计划的目标是为未来的太空旅行，尤其是阿波罗登月计划积累技术经验，双子星计划中的飞行时间足以支撑其前往月球并返回。该计划的任务还包括太空行走和轨道机动。

双子星计划的具体目标如下：

● 考察航天员和飞船在轨的驻留时间，最短8天，最长2周。

● 与其他航天器交会对接，并使用推进系统移动组合航天器。

● 验证太空行走技术，并考察航天员在太空中的任务执行能力。

● 完美再入大气层并在预定地点着陆。

● 为航天员提供阿波罗计划需要的零重力环境以及对接经验。

双子星号飞船是第一艘引入机载计算机的美国载人飞船，双子星号飞船引导计算机协助管理，控制飞船机动。飞船还借用了其他飞船上的设计，如弹射座椅、飞行雷达、高度仪。弹射座椅最早出现在苏联的东方一号飞船上。

双子星号飞船虽然从未到达月球，但其10次载人飞行为NASA积累了把航天员成功送上月球表面并带他们返回地球所需的技术和经验。

双子星计划的成功实施令美国在登月竞赛中一跃而领先于苏联，这也暂时给了美国人一种安全感。到双子星12号（有两艘飞船是不载人的，所以最后编号为12）结束任务时，美国航天员已经有了2000小时的太空飞行记录，而苏联航天员的总飞行时间仅500小时。

▼　双子星号飞船

探月争霸赛

在探月争霸赛中，可以说是"苏联赢得了开始，美国笑到了最后"。在探月初期，苏联接连创造了多项世界第一，如第一颗飞越月球的探测器、第一颗撞击月球的探测器以及第一颗飞到月球背面的探测器等。但在后期载人登月的竞争中，苏联败下阵来，原因是他们的N1号大运载火箭不过关，4次发射试验全部失败。1976年苏联不得不放弃载人登月计划。

美国人凭借土星5号大运载火箭的优势和双子星计划积累的载人飞行经验，在载人登月方面获得了巨大的成功。1969年7月20日，美国东部时间晚上10点56分，在阿波罗11号飞船着陆约6小时后，航天员阿姆斯特朗钻出登月舱，来到月球表面。他在接触到月球尘埃时说道："对于一个人来说，这只是一小步；可对人类而言，这却是巨人的一跃。"这句话将永载史册。

▲ 阿波罗飞船成功登月

从太空握手谈起

为什么会出现太空握手

阿波罗–联盟测试计划（Apollo-Soyuz Test Project，ASTP）是历史上第一次由两个国家合作的载人航天任务。1975年7月，该计划由美国和苏联共同执行。对于美国而言，阿波罗–联盟测试计划可以说是最后一次阿波罗任务（虽然不是阿波罗计划的一部分，但是使用的主要是阿波罗指令/服务舱）。对于苏联而言，这次任务是1976年6月联盟21号飞船发射之前的最后一次太空任务。

在阿波罗–联盟测试计划中，美国的阿波罗号飞船将与苏联的联盟号飞船对接。1975年7月15日是人类航天史上值得铭记的日子。当阿波罗18号飞船与联盟19号飞船的对接舱舱门打开之后，颇具政治色彩的航天员互访活动戏剧性地开始了。对接通道的舱门打开后，两艘飞船的指令长斯坦福德准将和列昂诺夫上校在对接通道里热烈地握手、拥抱。列昂诺夫还用英语说："很高兴见到您。"这就是被新闻记者和报纸大肆渲染的"轨道上的握手"。虽然他们没穿航天服，也没穿晚礼服，但当时那激动人心的一刻使全世界无数电视观众深受感动。

第一次会见持续了10小时，在此期间，苏联领导人勃列日涅夫发去了贺电，他说："我以苏联人民和我本人的名义，对你们完成的这一重大事件——苏联联盟19号飞船第一次同美国阿波罗18号飞船对接，表示祝贺。"美国总统福特也通过无线电和航天员们通了话，他说："先生们，让我对你们的辛勤工作和你们通过第一次联合飞行前的全部准备工作而取得的成就表示最诚挚的敬意。所有在华盛顿、在美国的人都在向你们成功

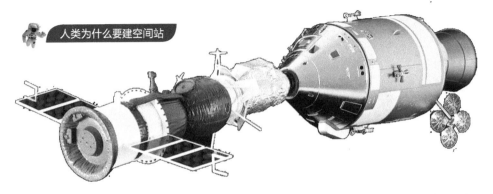

▲ 苏联联盟19号飞船（左侧）与美国阿波罗18号飞船（右侧）对接模型

完成了交会和对接任务表示最热烈的祝贺。我最衷心地祝愿你们成功地完成联合飞行其余的任务。"列昂诺夫也跟福特总统通了话，他说："总统先生，我可以肯定地说，我们的联合飞行只是我们两国未来太空合作的开始。"

参加首次对接的苏联航天员有两名，一名是世界太空行走第一人列昂诺夫上校，另一名是库巴索夫，后者曾于1969年乘联盟6号飞船在太空进行了第一次太空焊接实验。两人均获得过"苏联英雄"的称号。

美国有三名航天员参加了首次对接。阿波罗18号飞船指令长是斯坦福德准将，他曾于1969年5月乘阿波罗10号飞船绕月，共参加过三次太空飞行。阿波罗18号飞船对接舱驾驶员是斯莱顿，指令舱驾驶员是布莱德，两人均首次进入太空。

两国的飞船共连接了44小时，其间三位美国航天员和两位苏联航天员交换了国旗和礼物（包括后来被栽种的树种）、交换了签名、参观了对方的飞船、合作进行科学实验、一起进餐以及使用对方的语言。斯坦福德说俄语时明显拖长的发音让列昂诺夫开玩笑说当时有"三种"语言被使用：俄语、英语和斯坦福德的"奥克拉荷姆斯基语"（Oklahomski）。两艘飞船还曾暂时分离，互换了位置并再次对接。联盟19号飞船在太空停留了5天，阿波罗18号飞船停留了9天，苏联的两位航天员还进行了地球观察实验。

"太空握手"的政治意义丝毫不亚于其科技意义。它在两个超级大国之间架起了沟通的桥梁，让长期处在冷战阴云下的美苏两国人民感受到了一丝暖流，依稀望见了世界人民和平利用太空的灿烂前景。

　　回到地面后，美苏两国的航天员被安排在美国和苏联巡游。令列昂诺夫终生难忘的是，夹道欢迎他的美国人民望着他这个曾被视为冷战敌人的航天英雄，眼中流露出了钦佩的光芒。而列昂诺夫和斯坦福德作为两国太空合作的亲历者，对这段难得的太空友谊也格外珍视。斯坦福德用列昂诺夫的名字"阿列克赛"给自己的孙子命名，列昂诺夫的孙女的名字则是斯坦福德女儿的名字。后来，斯坦福德还收养了两个俄罗斯儿童，一个学习出类拔萃，另一个身强力壮，而后者已立志像养父一样，成为一名出色的航天员。

　　促成这次"太空握手"的原因是多方面的，经济因素和技术因素是其中最主要的两个方面。经济上，太空技术因其在军事上的应用潜力而成为美苏两国角逐的焦点，但其巨额花费使得双方都颇感吃力。随着冷战的降温，航天科技以其高成本和高精密，使得各国必须走上合作发展之路，"竞赛"的概念对于两大太空强国来说已经成为历史。 技术上，已进行太空探索多年的美苏两国都面临着一个紧迫的难题：当飞船在太空发生事故时，如何向其提供救援？航天部门认为如果美国或苏联有救生飞船就好了。工程师们由此产生了建造救生飞船的念头，他们想制造一种万能对接接头，适用于各种飞船，而苏联是世界上屈指可数的、拥有制造飞船技术的国家。所以，美国和苏联的合作是必然的，科学家们开始酝酿美苏两国的载人飞船在太空的再一次对接。

更广阔的国际合作

　　冷战时期，载人航天是美苏两国开展空间竞赛的主要竞技场。1982年，苏联已成功地发射了7个礼炮号系列载人空间站，并拟发射长期载人的和平号空间站。美国在空间站的设计、建造和管理方面处于明显的劣势。为了摆脱这种局面，1984年1月，美国总统里根向全世界宣布，美国将在10年内投资80亿美元，建成规模庞大、永久载人的自由号空间站，并邀请盟国参加，拟压倒苏联即将发射的和平号空间站。1984年，美国邀请欧洲空间局（ESA）参加自由号空间站项目，1987年，ESA理事会同意哥伦布实验室参加这个项目。1985年，日本的试验模块也准备成为自由号空间站的一部分。由于自由号空间站的目标定得太高，它在政治、经济、技术等方面都受到了制约，迫使其经受了一次次脱胎换骨似的重新设计，规模一次次缩小、技术难度不断下降，而研制进度却一次次延后，研制经费不断上涨，反对自由号空间站的呼声日益高涨，甚至使其险些被取消。

　　此外，从技术上讲，苏联是载人航天技术的鼻祖，前三代空间站均是苏联制造的。苏联解体后，俄罗斯继承了空间站建设和运行方面的大量人才和丰富经验。美国出于政治考虑和对俄罗斯丰富的载人航天飞行、管理经验的需要而急于合作。而俄罗斯面对急剧衰退的经济环境，无力单独建造原计划的和平2号空间站，迫切需要从美国那儿获得经济支持来支撑其庞大的航天计划。两国各取所需，一拍即合，以美国为首的自由号空间站于1993年12月正式邀请俄罗斯加盟，在原自由号空间站与和平2号空间站的基础上，联合建造阿尔法国际空间站（现称国际空间站）。至此，由美国和俄罗斯牵头，联合ESA的11个成员国（即德国、法国、意大利、英国、比利时、荷兰、西班牙、丹麦、挪威、瑞典、瑞士）及日本、加拿大、巴西（1997年加入）16个国家共同建造和运行的国际空间站诞生了。

第2章

向太空进军的第一排"礼炮"

面对探月争霸赛上的失败，苏联开始重点发展空间站技术。苏联先后研制并建造了礼炮1号到礼炮7号空间站。在空间站建设、管理和科学实验方面都取得了丰硕的成果。

本页图为礼炮7号空间站示意图。

第一代空间站

　　空间站是一种能在轨道上长期运行、具有一定科学技术试验能力或生产能力的有人居住的航天器。按照发展历程，空间站可分为试验性空间站、简易空间站和永久性载人空间站；按照结构特征，空间站可以分为单模块空间站、多模块组合空间站及一体化综合轨道基地三种。单模块空间站是指由运载器一次发射入轨即可运行的空间站，这类空间站也称空间实验室，一般只有一个对接口，如苏联的礼炮号空间站、美国的天空实验室和我国天宫1号空间实验室，都属于单模块空间站。

　　苏联在与美国的载人登月竞争中失败后，为了在下一轮的竞赛中获得主动，决定全力以赴发展空间站计划，并希望使之成为20世纪惊天动地的壮举。

　　苏联在发射了世界上第一个空间站——礼炮1号空间站（简称礼炮1号）之后，又陆续发射了6个礼炮号空间站。"礼炮"的发展又可分为两代：第一代有5个，即礼炮1号至礼炮5号空间站，为单接口结构；第二代有2个，礼炮6号、7号空间站，为多接口结构。第一代的5个空间站中有3个是军事空间站，即礼炮2号、3号和5号空间站。

礼炮1号空间站

1971年4月19日，苏联发射了礼炮1号空间站。礼炮1号由轨道舱、服务舱和对接舱组成，总长约20米，最大直径4米，总质量约18.4吨，可居住6名航天员。空间站上装有各种试验设备、照相摄影设备和科学实验设备。礼炮1号在太空运行了175天，于1971年10月11日在太平洋上空坠毁。航天员在它上面连续停留的最长时间为63天。

1971年4月23日，联盟10号飞船载3名航天员进入太空，并实现了与礼炮1号的对接，但因飞船闸门失灵，3名航天员未能进入礼炮1号。1971年6月6日，联盟11号飞船（简称联盟11号）载3名航天员进入轨道，经过6小时的轨道机动，联盟11号进入礼炮1号所在轨道。第2天，飞船与空间站逐渐接近，开始交会对接操作，这个过程进行得比较顺利。

在联盟11号与礼炮1号交会对接过程中，礼炮1号为被追踪的目标，联盟11号为追踪器。但是，在交会对接的初始阶段，礼炮1号和联盟11号双方都进行变轨机动，使相对距离接近15～30千米。在这个距离内礼炮1号不再进行轨道机动，以保持与联盟11号对接的特定方向。在对接的同时，联盟11号的电气系统和液压系统也同礼炮1号连接。经过压力调节并打开舱门后，航天员进入了礼炮1号。

三位航天员进入空间站后先调节了轨道舱的环境，开始了适应性工作。1971年6月8日、9日，他们操纵联合体进行了多次较大的轨道机动，一度使轨道高度变为259～282千米。从6月10日开始，他们按计划进行各种实验工作，如测试礼炮1号内辐射水平、分析航天员血样、用伽马射线望远镜观测天文、进行鱼类在水中运动实验、种植植物实验、用照相机拍摄地球。

礼炮1号内有数个分隔区：第一分隔区是输送和对接设备，对接口呈圆锥形；第二分隔区是主舱，直径大约4米，里面空间可以容纳一些椅子、工作台和控制板；第三分隔区是辅助舱，安装了控制和通信装置、电力供应系统、生命保障系统及其他辅助装置；第四分隔区的直径大约2米，安装了推进器和其他控制装置，此舱并没有加压。礼炮1号上还安装了猎户座恒星望远镜，目的是获得星体的紫外光谱图。

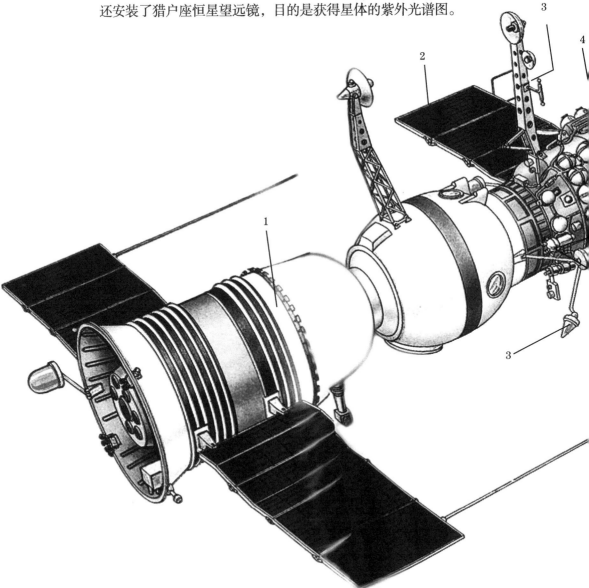

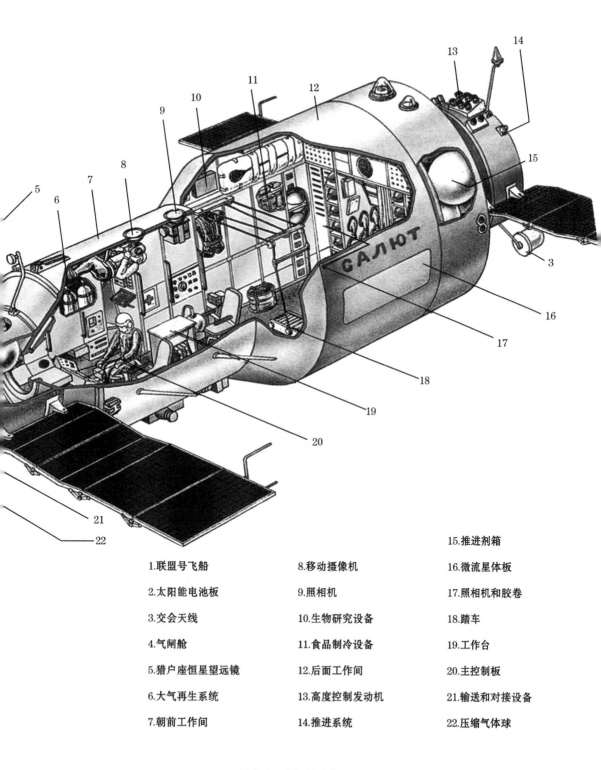

		15.推进剂箱
1.联盟号飞船	8.移动摄像机	16.微流星体板
2.太阳能电池板	9.照相机	17.照相机和胶卷
3.交会天线	10.生物研究设备	18.踏车
4.气闸舱	11.食品制冷设备	19.工作台
5.猎户座恒星望远镜	12.后面工作间	20.主控制板
6.大气再生系统	13.高度控制发动机	21.输送和对接设备
7.朝前工作间	14.推进系统	22.压缩气体球

▲ 礼炮1号空间站内部结构

6月19日，3名航天员利用猎户座恒星望远镜进行了恒星观测。他们还研究了无线电信号的衰减，并对地球和地球天气现象进行了观测。到6月23日为止，他们打破了联盟9号飞船飞行18天的纪录。

6月28日，地面控制中心要求航天员次日返回。6月29日联盟11号与礼炮1号分离。在编队飞行1小时后，航天员操纵飞船降低轨道准备再入。由于飞船返回舱的一个压力调节阀在与轨道舱分离时被打开了，舱内的空气很快泄出，而航天员没有穿航天服，虽然降落伞安全将飞船回收，但3名航天员却因缺氧窒息而死，使欢迎会变成了追悼会。这起重大航天事故促使航天局对联盟号飞船进行重大的修改，以提高安全性和可靠性。

礼炮1号空间站发射成功，标志着载人航天已经从规模较小、飞行时间较短的载人飞船进入规模较大、运行时间较长的空间应用探索试验阶段。联盟11号飞船与礼炮1号空间站对接成功，3名航天员进入空间站工作23天，标志着人类对太空的探索进一步深入。

▲ 礼炮4号空间站

礼炮4号空间站

礼炮4号空间站(简称礼炮4号)同礼炮1号一样,是苏联第一代民用空间站(见第20页图),于1974年12月26日发射升空,进入近地点为343千米、远地点为355千米的轨道。

联盟17号、联盟18号、联盟20号(无人驾驶)飞船分别与礼炮4号进行了对接。联盟20号飞船于1976年2月16日离开空间站返回地面。礼炮4号共在轨运行768天,有人工作时间为93天。1977年2月2日,礼炮4号空间站脱离轨道陨落。

礼炮4号外部的科学试验有7项:

● 用太阳望远镜测量太阳的紫外辐射,用于研究太阳的表面温度;

● 用红外望远镜研究地球大气层的辐射,同时还进行了天文观测,包括研究月球、土星、麦哲伦云、仙女座星云和恒星;

● 用X射线望远镜寻找夜空的X射线源;

● 用X射线望远镜测量X射线天体的亮度,用于研究蟹状星云以及恒星参宿七;

● 用光谱仪研究地球的大气层,特别是臭氧层;

● 用微流星体探测器研究近地空间的小粒子;

● 用光谱仪测量地球大气层中的尘埃粒子。

礼炮4号空间站内部的科学试验有5项:

● 用一个可控气候的容器研究单细胞植物的生长;

● 将果蝇养在一个可控气候的容器中进行研究;

● 在一个可控气候的容器中放置3个小的水族箱,用于研究青蛙卵的发展,并将蝌蚪冷冻返回地球进行研究;

● 用一个可控气候的容器研究动物细胞结构的变化,动物组织样品悬浮在营养液中;

● 用一个温室研究洋葱和豌豆的生长。

军事空间站

从进入太空时代开始，研究人员就提出了载人航天器在军事活动中的作用这一问题。20世纪60年代初期，美国和苏联的太空专家就开始考虑军事载人航天器的研究，包括轨道轰炸机和拦截器。后经确认，自动系统是比较便宜、可靠的太空武器。然而，军事专家认为人工干预在获得天基情报方面更有优势。因此，有人建议利用载人航天器进行地球轨道间谍活动，这样可以准确地选择目标，对战场上的快速变化能很快做出反应。

在1964年12月的一次高级专家会议上，苏联决定开始发展轨道载人空间站，并命名为钻石计划。按照钻石计划，苏联于1971年至1974年发射了一系列以民用礼炮计划为掩盖的军事侦察空间站。总共有三个钻石空间站发射升空，即礼炮2号、礼炮3号和礼炮5号空间站。该计划也被称为OPS，是轨道载人站"Orbital Piloted Station"的简称。

礼炮2号空间站（简称礼炮2号）是1973年4月3日发射的，入轨初期还算正常，在机动飞行至261千米×269千米的轨道时，空间站出现了"致命的故障"，太阳能电池板和其他一些安装在空间站外部的设备和站体脱开，空间站出现翻滚，并爆炸成25块碎片。据分析，专家认为该故障是由于姿态控制系统故障所致。礼炮2号在轨飞行时间仅为54天。

礼炮3号空间站（简称礼炮3号）于1974年6月25日发射，共携带了6个设备：分辨率为3米的照相机、遮光罩、全景照相机、地形摄像机、恒星摄像机以及红外摄像机。这是第一个发射成功的军用礼炮号空间站。

1974年7月3日发射的联盟14号飞船与礼炮3号成功地完成了对接。正常情况下，对接工作1天即可完成。两名军人航天员进入空间站并执行了16天任务。这次航天员的主要任务是军事侦察，当然也做了

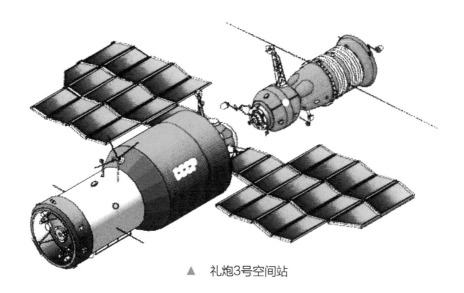

▲　礼炮3号空间站

一些大气观测和医学实验。联盟14号飞船是渡船型飞船，它没有安装太阳能电池板，并降低了载荷，以增强其机动性。联盟14号使用蓄电池作为能源，可飞行2.5天。1974年8月26日，苏联发射了联盟15号飞船，但它与空间站对接失败。之后一个月，空间站弹射出一个返回舱，并被成功回收。这是空间站在无人工作条件下，利用返回舱将其所拍摄的胶片送回地面。

礼炮3号是第一座一直保持相对于地球表面恒定取向的空间站。为了实现这一点，空间站进行了多达50万次的高度控制机动。这个事实也使人们认为礼炮3号具有侦察任务。礼炮3号还配备了防卫枪，安装在空间站的前部。

1976年6月22日，苏联发射了礼炮5号空间站（简称礼炮5号），这是苏联发射的最后一座军事空间站。礼炮5号长14.55米，直径4.15米，质量为19吨；轨道的近地点高度为223千米，远地点高度为269千米，轨道倾角为51.6°，轨道周期为89分钟；在轨运行412天，有人工作时间为67天。礼炮5号是第一座配备有合成孔径雷达的空间站。另外，先前的空间站的防卫枪也被更换了，采用双发射筒、无制导的固体导弹。

曾有3艘联盟号飞船与礼炮5号对接，其中2艘对接成功。联盟21号飞船于1976年7月6日发射，并与礼炮5号对接成功，航天员在站上飞行了49天后，于8月24日返回。1976年10月4日苏联发射了联盟23号飞船，它在与礼炮5号交会过程中对接失败。1977年2月7日苏联又发射联盟24号飞船，它与空间站对接成功，航天员在空间站只停留了2星期便返回了。

▲ 礼炮5号空间站

除通信制式和频段等方面的不同外，军事空间站与民用空间站的主要区别有三点：一是军用型空间站运行轨道较低，约200千米，便于军事侦察，但需要定期进行轨道修正；二是军用型空间站飞行周期短，且需要定期弹射回侦察密封舱；三是军用型空间站上大多装有高分辨率照相机，站内所有航天员和飞行工程师都是军人。

苏联的第一代空间站质量为18～18.9吨，可居住空间85立方米左

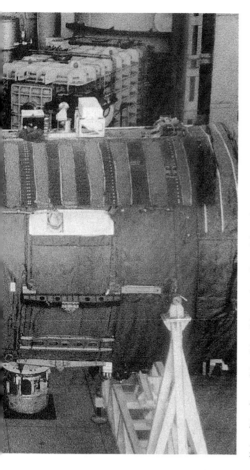

右，一般在离地面200～250千米的轨道上运行，轨道倾角均为51.6°。由于它们具有试验性质，所以也叫试验性空间站。其主要特征是空间站上均只有1个对接口，因而只能接纳1艘客货两用飞船（运送往返人员和少量物品），其科研仪器和主要物品均是发射前就装入空间站内，无法及时补给许多重要物资，这就限制了空间站载人航天的时间和在轨运行寿命。不过，第一代空间站也解决了许多有关的重大科技问题。例如，它证实了空间站和地面一样需要分别建造生活场所、工作场所和交通通道等，这样才能解除相互间的束缚，获得高效率；由于在人造环境驻留时间较长，可用轮换航天员的办法提高空间站的利用率；试验性空间站即使是短暂性的，与其他航天器相比也有了较大进步。

第二代空间站

　　第二代空间站包括礼炮6号空间站和礼炮7号空间站（简称礼炮6号、礼炮7号），主要特点是均有2个对接口，即可同时接纳2艘飞船，从而能把载人飞船与运货飞船分开，延长了空间站寿命和航天员在轨时间。礼炮6号在轨1763.71天，礼炮7号在轨3215.34天。由此可见，第二代空间站比第一代空间站运行时间大大增加。为了进一步提高安全性和可靠性、延长寿命和扩展应用，礼炮6号、7号还采取了其他的措施，例如，把空间站轨道高度由250千米提高到350千米。第一代空间站采用低轨道，所以为了克服大气阻力要进行轨道调整，必须消耗更多的推进剂。如果轨道提高至350千米，推进剂消耗量就比原来减少4吨多。为此，第二代空间站采用了较高的轨道。

　　第二代空间站的外形尺寸与第一代相同，但也做了不少改进，具体改进如下：增加了一个对接口；空间站内壁隔音层的厚度增加了5%，以降低空间站内的环境噪声；增加了1个居住舱，即中间舱；更换了新的发动机及控制系统；为了进行舱外活动，增设了供航天员出舱用的气闸舱和航天服；空间站内的生命保障系统和废物处理及水再生系统也进一步做了标准化改造，增加了淋浴设备等，其中在礼炮7号上还增设了饮用水供水系统；服务舱和工作舱的大小和所配置的设备也有所改进。

　　此外，为了延长礼炮号空间站的工作寿命，苏联对第二代礼炮号空间站的发动机系统和推进剂供应系统做了重大的改进。不论是主发动机（两个推力室在对接装置两侧），还是姿态控制推力器（分四组，呈"+"形排列在设备舱尾端四周），都使用相同的燃烧剂和氧化剂，并由相同的推进剂箱供应。

礼炮6号空间站

礼炮6号于1977年9月29日进入轨道，该空间站的设计寿命为1.5年，1982年7月29日坠毁，共飞行了1760天，有人工作时间累计达到了940天。在近5年的时间内，共接待过有人驾驶飞船32艘、无人驾驶飞船1艘和宇宙1267空间舱1个。在32艘有人驾驶飞船中，有联盟号飞船16艘、联盟T号飞船4艘、进步号货运飞船12艘。共有33名航天员，分16组进入礼炮6号。在所有登上礼炮6号的航天员中，有5组航天员停留时间较长，最长的是联盟35号飞船上的波波夫、柳明和库巴索夫，共停留了185天。其他航天员多是对空间站进行短期任务的 "访问"，大约停留8天，他们带去新的实验，带回已完成实验的结果。另有2艘飞船试图对接，但没有成功，一艘是联盟25号飞船；另一艘是联盟22号飞船。

1981年4月25日，苏联成功地发射了宇宙1267无人舱并与礼炮6号对接，这是一次模块式空间站的实验，为将来和平号空间站的建立提供依据。该无人舱与礼炮6号对接飞行458天，于1982年7月29日与礼炮6号一起坠毁。

礼炮6号携带的主要仪器之一是多光谱望远镜，能在红外、紫外及亚毫米波范围进行天文观测。第二个主要仪器是多光谱摄像机，分辨率为20米。为了进一步扩展科学能力，礼炮6号配备了20个用于观测的舷窗，两个科学气闸舱将设备暴露在太空。进步号货运飞船后来还带去了其他的望远镜，进行射电观测。

1.联盟号飞船对接雷达　　　6.指令长工作台

2.太阳能电池板　　　　　　7.礼炮气闸舱

3.试验区　　　　　　　　　8.遥测天线

4.发动机　　　　　　　　　9.发动机

5.太阳能电池板　　　　　　10.联盟号飞船

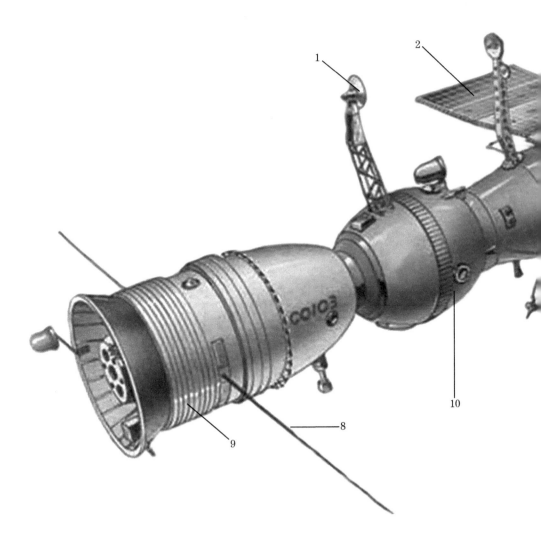

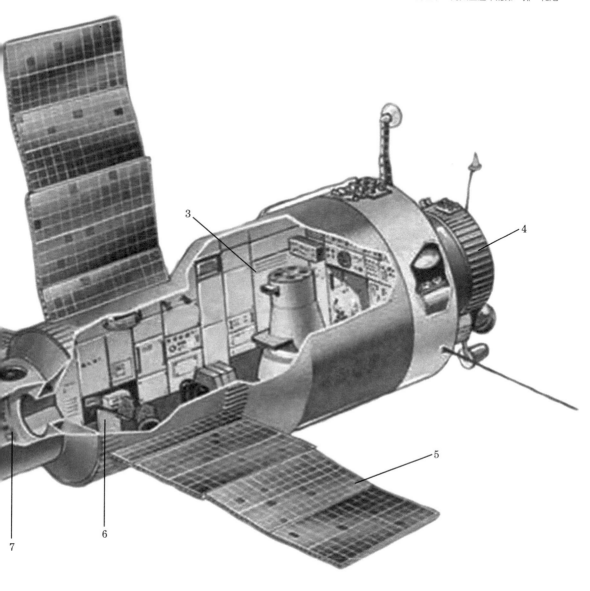

▲　礼炮6号空间站内部结构

▲ 礼炮7号空间站的太空飞行示意图

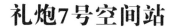

礼炮7号空间站

　　1982年4月19日，礼炮7号进入轨道，并在轨运行3214天。1991年2月7日莫斯科时间6时47分，礼炮7号/宇宙1688号联合体进入南美上空的稠密大气层，落在阿根廷领土上离智利边境不远的安第斯山脉地区。在轨运行期间，除联盟T8号飞船对接失败外，有9艘联盟T号飞船对接成功。此外，有12艘进步号货运飞船和两个空间站舱体（宇宙1443号和宇宙1688号）与其对接并成功。礼炮7号的载人飞行时间最长的一次是237天，这是由联盟T10号飞船三名航天员——基齐姆、索洛维约夫和阿季科夫共同创造的。礼炮7号飞行期间，航天员们释放了两颗分别重28千克的业务无线电通信卫星。苏联第二名女航天员萨维茨卡娅乘联盟T7号飞船和联盟T12号飞船两次登上空间站，并在1984年进行了太空行走，成为世界上第一个太空行走的女航天员。

　　礼炮7号在运行中，曾发生一些故障。航天员对其进行了必要的部件更换和修复工作，提高了礼炮号空间站的可靠性，延长了飞行周期。

　　礼炮号空间站的设计原则是简单性、通用性、渐改性。它们大量应用了联盟号飞船的技术和成果。这些基本设备和系统不必做大的改动就可直接用于礼炮系列空间站，因此不需要重新发展高难度的技术。此外，为了缩短研制时间，礼炮号空间站采用比较简单的外形结构，体积也能适应已有运载火箭运载能力条件下一次性发射的限制，所以比较容易实现，减少了难度和风险。但其缺点也很明显，即规模小，不易扩展，从而限制了有效载荷的规模。

1.宇宙1443号再入模块　　　10.礼炮推进模块

2.推进系统喷嘴　　　　　　11.扶手

3.推进剂箱　　　　　　　　12.X射线探测设备

4.固定太阳能电池板　　　　13.小的工作隔间

5.与质子火箭末级连接的部分　14.输送通道

6.礼炮7号气闸舱　　　　　　15.对接界面

7.太阳能电池板　　　　　　16.太阳能电池板

8.附加的太阳能电池板　　　17.宇宙号飞船主工作模板

9.联盟号载人飞船

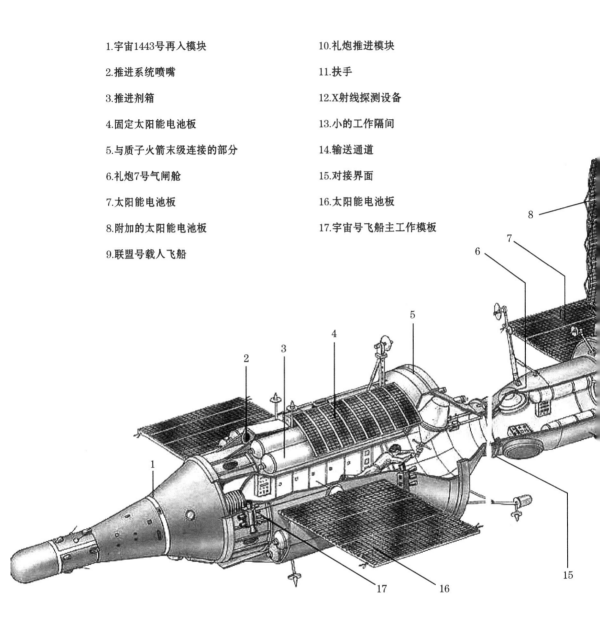

▲ 礼炮7号空间站与宇宙1443号舱和联盟号飞船对接

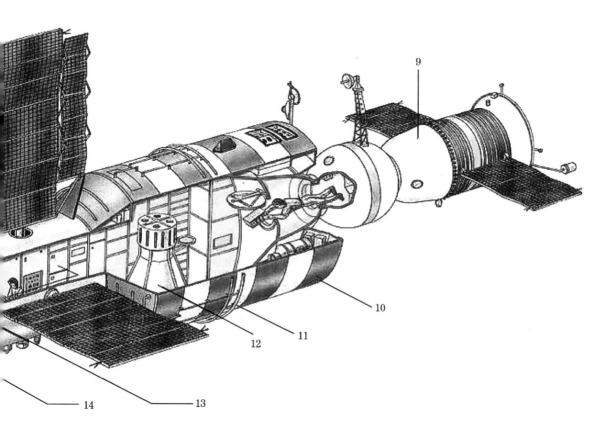

苏联在空间站的建造方面取得了巨大的成功，通过研制及运行礼炮6号和礼炮7号这两个简易空间站，苏联积累了相当丰富的载人航天经验，其研制多模块式的大型轨道设施的时机已经成熟。苏联在空间站领域技高一筹的主要原因是它把发展空间站作为未来航天计划发展的核心和一项国策，始终认为只有空间站才能充分开发和利用空间资源，并采取了慎重稳妥和循序渐进的方式，最大限度地利用了成熟技术，在此基础上最终建造出和平号多模块积木式长久性空间站。

第 3 章

美国天空实验室

尽管美国成功地发射了天空实验室，并在科学实验方面取得了一些成就，但从整体上来看，美国对发展空间站的工作不够重视，没有长远目标，将阿波罗计划中的一些部件用完后，天空实验室计划也就结束了。

本页图为美国天空实验室。

天空实验室概况

为什么要建天空实验室

1961年4月12日，苏联成功地发射了第一艘载人飞船东方一号，加加林成功地完成了划时代的太空飞行任务，实现了人类遨游太空的梦想，开创了载人航天的新纪元，揭开了人类进入太空的序幕。此前，苏联在月球探测方面也创造了多项世界第一。而美国在太空竞赛初期失利后，成功地实施了阿波罗计划，"把苏联人摔倒在月球上"，首次在太空竞赛中取得优势。为了继续保持这种优势，美国想要一鼓作气，逐渐甩掉一次性使用的火箭和载人飞船，试图建设空间站并为它配备天地往返运输系统——航天飞机，要远远地将苏联人抛在后面，并为此拟订了天空实验室（Skylab）计划。

1968年，一些美国学者就提出了阿波罗应用计划（AAP）。AAP计划起初的内容包括建立月球基地、月球逃逸系统和载人金星飞越。

当阿波罗飞船实现月球着陆后，为了避免裁员和设备闲置，NASA提出了另外三个AAP项目：

● 阿波罗望远镜。将望远镜送入环绕地球轨道，用于观测太阳。望远镜以改装的阿波罗登月舱下落级为基础，在轨寿命21～28天。望远镜包含充压部件，为来访的乘员提供生活与工作空间。

● 阿波罗载人观测任务。建立一个观测地球的科学模块，也是基于阿波罗登月舱的下落模块。

● 低地球轨道空间站。

由于天空实验室项目包含了阿波罗望远镜、地球观测模块和空间站的概念，所以天空实验室最终入选。

▲ 阿波罗望远镜

天空实验室结构

天空实验室全长26.3米，直径6.7米，轨道质量约77吨，充压体积319.83立方米。主体是由土星5号运载火箭的第三级改造而成的。轨道的近地点为434千米，远地点为441.9千米，轨道倾角50°，轨道周期93.4分钟。

天空实验室主要由5部分组成：

● 轨道工场（也称土星工场，因为是用土星火箭的外壳制造的）是航天员生活与工作的区域；

● 气闸舱模块，为航天员太空行走提供出入通道；

● 阿波罗望远镜设备，用于研究太阳、其他恒星和地球；

● 多用途对接舱，同时允许1个以上的飞船与空间站对接；

● 仪器单元，用于引导空间站入轨，控制负载防护罩脱落，激活站内生命保障系统，启动太阳惯性高度机动，以90°角展开阿波罗望远镜，展开天空实验室的太阳能电池板。

天空实验室的科学目标如下：

● 观测和研究太阳；

● 研究微重力；

● 观测地球；

● 检验长期太空飞行对人体的效应；

● 帮助人们了解在太空中如何工作和生活；

● 进行多种科学和技术试验，如微重力环境下金属晶体是怎样生长的；

● 研究地球轨道实验室的功能。

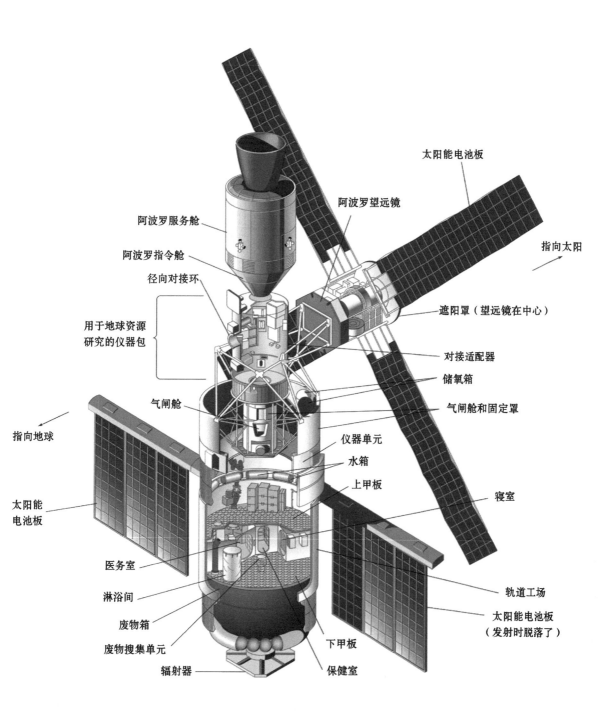

阿波罗服务舱

阿波罗指令舱

径向对接环

用于地球资源
研究的仪器包

气闸舱

指向地球

太阳能
电池板

医务室

淋浴间

废物箱

废物搜集单元

辐射器

太阳能电池板

阿波罗望远镜

指向太阳

遮阳罩（望远镜在中心）

对接适配器

储氧箱

气闸舱和固定罩

仪器单元

水箱

上甲板

寝室

轨道工场

太阳能电池板
（发射时脱落了）

下甲板

保健室

▲　天空实验室的结构

运行经历

1973年5月14日，美国用两级的土星5号火箭发射了天空实验室的主体，此次发射不载人。

或者是好事多磨，或者是欲速则不达，在发射过程中，天空实验室的铝制流星防护层被撕裂。两块主要太阳能电池板，一块脱落，一块被撕裂的铝条缠住没有完全展开。这使供电量减少一半，电力严重不足。同时，因太阳能电池板除供电外，还起遮阳的作用，因此"轨道工场"处在太阳暴晒之中，舱内平均温度达41℃。

土星5号运载火箭发射天空实验室

1973年5月25日，美国用土星1B号运载火箭将天空实验室2号（Skylab-2）送入太空，Skylab-2实际上是阿波罗飞船的指令与服务舱。这是美国天空实验室计划的首次载人航天任务，共乘坐3名航天员。天空实验室2号也是人类探索太空的里程碑式任务。该任务是人类第一次成功地将航天员送上位于地球轨道的空间站，并且顺利返回。

从1973年5月26日开始，航天员共进行了3次太空行走，主要任务是修复之前发射的空间站。空间站的护罩（位于轨道工厂的外部，可遮挡阳光，使舱内保持合适的温度，并可防止小流星的碰撞）和一块太阳能电池板在发射时脱落，剩下的主电池板也发生了故障。这将使天空实验室的工作舱内温度逐渐升高，舱内存在的有害气体也会使储存的食物腐坏。

在近一个月时间内，天空实验室2号上的航天员修复了之前损坏的部分仪器，完成了一系列太空医学实验，收集了太阳和地球的科学数据，共进行了长达392小时的实验。其间，航天员成功地用阿波罗望远镜观测到一次长达2分钟的太阳耀斑活动。3名航天员在太空中一共执行了28天任务，是美国之前太空任务纪录的2倍。1973年6月22日，

▼ 从离开的Skylab-2上看天空实验室

任务结束。飞船的返回舱坠入太平洋，航天员被等候在9.7千米外参加NASA搜救任务的提康德罗加号航空母舰救起。天空实验室2号创下了当时人类太空最长飞行时间、最长飞行距离、最大载荷等多项纪录。

　　天空实验室3号（Skylab-3）是天空实验室计划的第二次载人航天飞行。它于1973年7月28日由土星1B号运载火箭发射进入轨道，载3名航天员，共飞行59天11小时9分钟。航天员在天空实验室内进行了医学实验、太阳观察、地球资源探索和其他科学试验，共计1084.7个应用小时。从1973年7月28日至9月25日，航天员在空间站内共停留58天15小时39分42秒，共进行了3次太空行走。

　　天空实验室3号继续了天空实验室2号的医学实验，来研究人类生理对太空飞行的适应性。在所有天空实验室载人任务中都包括一组核心医学研究。在天空实验室3号的核心研究中，还增添了血压、躯干和腰的测量。其他新测试包括动脉血流测试、在起飞前和起飞间拍摄面部照片、静脉情况、血红蛋白的测量、尿量的测量。这些测试收集了体液分布和平衡的数据，使得医学专家能够更好地理解人体体液的分布情况。

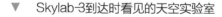

▼　Skylab-3到达时看见的天空实验室

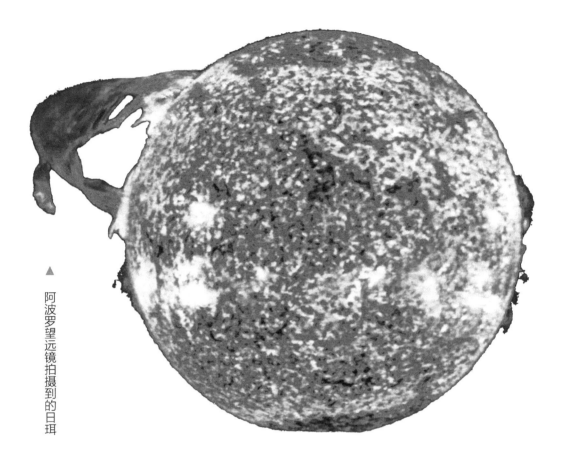

阿波罗望远镜拍摄到的日珥

天空实验室3号的生物学实验包括微重力对鼠、果蝇、单个细胞和细胞培养基的影响。实验中使用的人体细胞是肺细胞。动物实验包括对鼠的生物钟的研究和黑腹果蝇昼夜节律的研究。但是由于起飞30分钟后的一次停电事故使得所有动物死亡，因此实验不成功。

美国的许多高校学生参加了天空实验室的研究，他们是天文学、物理学和基础生物学实验的主要研究员。在天空实验室3号上进行的学生实验包括振动云、木星X射线、试管免疫学、蛛网形成、细胞液流、质量测量和中子分析。此次实验还收集了乘员的牙齿健康数据以及实验室的环境、微生物、辐射和毒剂数据来估测乘员的健康状态。

　　1973年11月16日，第三批3名航天员进入轨道工场，他们在空间站内的重点任务是对地面进行战略侦察，拍摄地面照片2万张，记录资料磁带4.5万米；对太阳和科候特克彗星进行观测，拍摄照片7.5万张；在太空生活84天1小时16分，进行了4次太空行走，用时22小时16分。

　　由于阿波罗飞船所剩无几，而原计划与天空实验室3号配套的航天飞机一直无法问世。此后，天空实验室3号一直在无人状态下运行，直至1979年7月11日坠毁。下面将向大家展示天空实验室3号载人飞船的乘员生活及实验图片。

▲　航天员Garriott进行太空行走

① 航天员在表演『一指禅』功夫
② 航天员在阿波罗望远镜的操作台工作
③ 航天员在淋浴
④ 航天员在理发
⑤ 航天员在睡觉
⑥ 指令长在给航天员体检

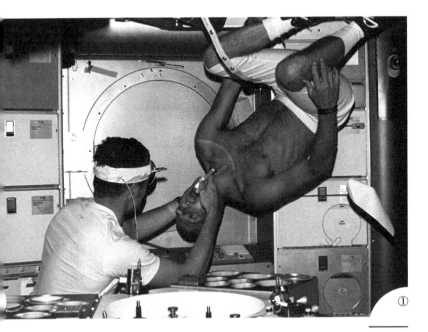

①

②

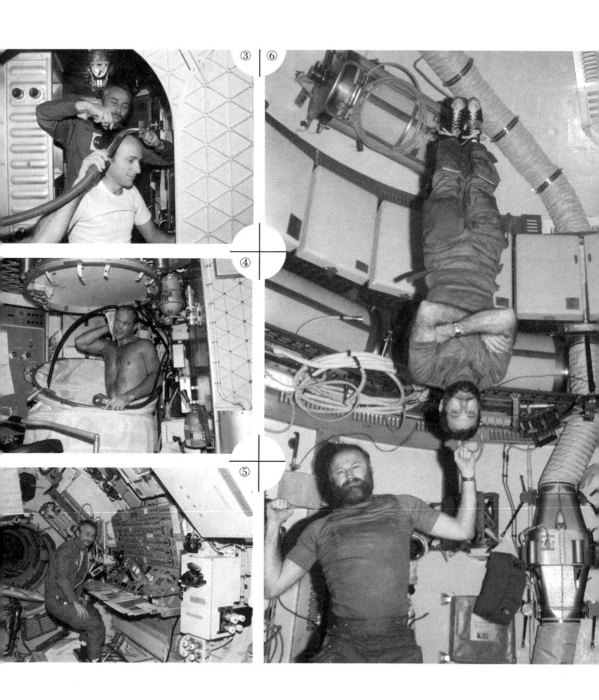

③

⑥

④

⑤

试验项目与科学成果

试验项目

在天空实验室运行期间，航天员在实验室内做了将近300项科学和技术试验，包括医学试验、太阳观测、地球资源观测、NASA自己的试验、彗星观测以及学生设计的试验。其中主要试验项目有94项，包括医学试验19项，地球资源试验6项，技术试验26项，天文学观测13项，操作试验5项，学生提出的试验19项，阿波罗望远镜试验6项。

科学成果

在天文学领域，第一次观测到一颗新彗星——科候特克彗星，并拍摄了33张色彩丰富、清晰的彗星照片。这颗彗星的轨道周期大约15万年。这也是第一颗由载人航天器观测到的彗星，这些图片对于研究彗星组成有重要价值。

观测太阳的项目包括太阳的紫外线和X射线发射、太阳日冕分析、太阳耀斑和活动区特性等。天空实验室的航天员拍摄到一次太阳耀斑爆发的全过程。此外，拍摄的有关太阳X射线、紫外线、可见光谱段的照片多达7.5万张。

在生物学领域，航天员研究了植物在太空中生长与在地球上生长是否不同的问题，研究了细菌在太空中的生长情况。

航天员在天空实验室进行的技术实验还包括利用电炉和电子束枪

进行了空间焊接实验，后来证明焊接质量优于地面；进行了晶体生长实验、半导体掺杂实验，生长出的晶体长达2厘米，比预期的长6倍；制造了全新的金锗化合物，这是一种低温下的超导材料。这些工作为太空生产积累了经验。

　　天空实验室为以后的载人航天空间科学试验积累了经验，同时也证明了载人运行对空间站的重要作用，尤其是人类具有完成空间操作和航天器维修的能力。

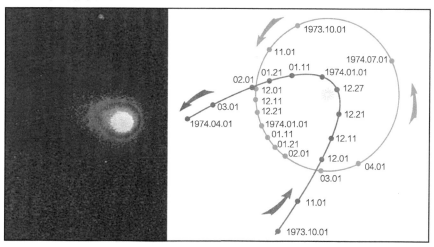

▲　天空实验室观测到的科候特克彗星及其轨道

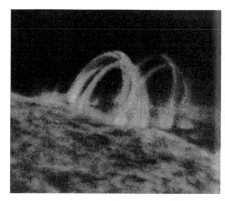

▲　太阳耀斑的图片

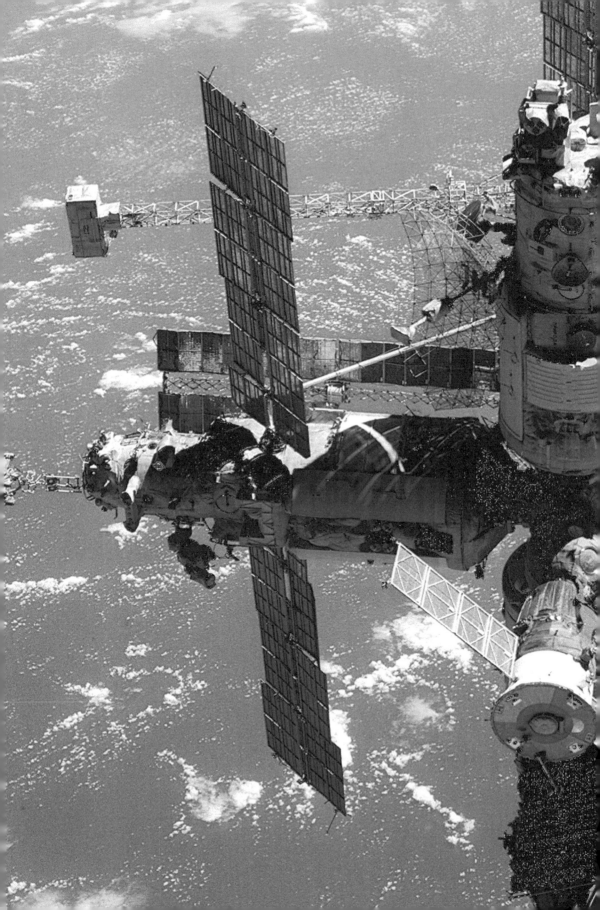

第 4 章

第一座空间大厦

和平号空间站是人类建设的第一座空间大厦。它有6个实验舱、6个对接口，总重130吨，在太空运行了15年。

本页图为在轨运行的和平号空间站。

和平号空间站概况

从"礼炮"到"和平"

　　苏联在空间站的建造方面取得了巨大的成功，在空间站领域技高一筹，先后研制了7个礼炮号空间站，但礼炮号空间站的缺点也是很明显的，如规模小、不易扩展，从而限制了有效载荷的规模和在太空中的停留时间。和平号空间站的多模块积木式结构正是在这种背景下问世的，虽然其核心舱仍采用舱段式构型，但它有6个对接口，这6个对接口除用于对接飞船外，还连接了5个实验舱。

　　实践证明，苏联的循序渐进建设空间站的方式较好，其经验如下：要针对实用性空间站的要求来设计试验性空间站，但不能要求太高；要熟练掌握并不断改进太空交会对接技术；对接口数量和货运飞船是影响空间站规模的重要因素；航天员的居住时间需逐渐增加，要不断提高生

命保障系统的功能和质量；适当提高空间站轨道高度可节省轨道机动所需要的燃料，增加轨道寿命。

从外形上看，苏联试验性空间站（如礼炮号空间站）和实用性空间站（如和平号空间站）很相似，其主要区别如下：

● 前者在轨寿命通常低于5年，而后者则在5～10年或更长；

● 前者的规模较小，对接口也少，没有扩展能力，而后者有2个对接口，它们能同时对接载人航天器和货物运输器或专用实验舱；

● 前者的航天员每次在轨时间一般较短，大多为几十天，而后者的航天员每次在轨时间较长，大多为上百天；

● 前者的燃料和消耗品原则上要一次带足，而后者则是用货运飞船定期进行补给；

● 前者的有效载荷设备很少更换，而后者可多次更换和增加实验仪器；

● 前者的航天员一般不进行航天器的维修工作，只进行试验、训练等，而后者的航天员要经常进行维修工作。

苏联发展空间站的经验表明，对于没有载人航天经验的国家来说，先发展试验性空间站是一种很好的选择；空间站的规模应与天地往返运输系统的能力相适应；核心舱是研制多模块空间站的关键。由此可见，尽管实用性空间站技术已经有很大的发展，但建设多模块空间站，仍然面临许多技术挑战。

和平号空间站总体结构

和平号空间站有6个在轨的组件，即核心舱、量子1号天体物理舱（简称量子1号）、量子2号实验舱（简称量子2号）、晶体号实验舱（简称晶体舱）、光谱号遥感舱（简称光谱舱）和自然号地球观测舱（简称自然舱）；NASA还为其提供了一个专门用于与航天飞机对接的对接舱。1986年2月20日，和平号空间站第一个部件——核心舱发射入轨。1996年4月26日和平号空间站最后一个部件——自然舱发射入轨。整个空间站的建设共历时10年。

建成后的和平号空间站长19米，宽31米，高27.5米，质量为129700千克，充压体积为350立方米。轨道的近地点为354千米，远地点为374千米，倾角为51.6°，轨道周期为91.9分钟。和平号空间站在轨时间为5519天，于2001年3月23日坠入大气层。

和平号空间站弥补了第一代、第二代空间站的不足，使得空间站体系的功能和规模均有较大改善和提高。它有6个对接口，可以与多个舱体在太空实施模块式对接，形成多次重复组合的空间站体系，且各舱体是相互独立的。

和平号空间站与礼炮号空间站对比有两个特点：和平号空间站增加了对接过渡舱。对接过渡舱上装有新型的"雌雄同体–周边式"对接机构，它的外形尺寸较小，但具有很大的支撑能力，承重范围为1.8～100吨，其性能远远优于过去的对接机构；和平号空间站内还增加了机械臂。

和平号空间站原设计寿命5年，但实际在轨运行了15年。在此期间，共有62艘进步号货运飞船完成了和平号空间站6个舱段的运送、对接任务，并向和平号空间站运送了近150吨的物资（含推进剂）。

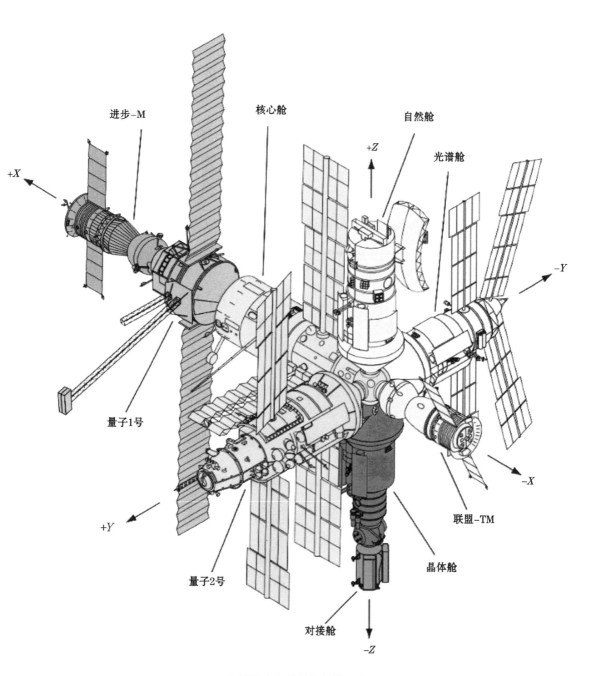

进步-M　核心舱　自然舱　光谱舱　+Z　+X　-Y　量子1号　量子2号　联盟-TM　晶体舱　对接舱　-X　-Z　+Y

▲　和平号空间站整体结构示意图

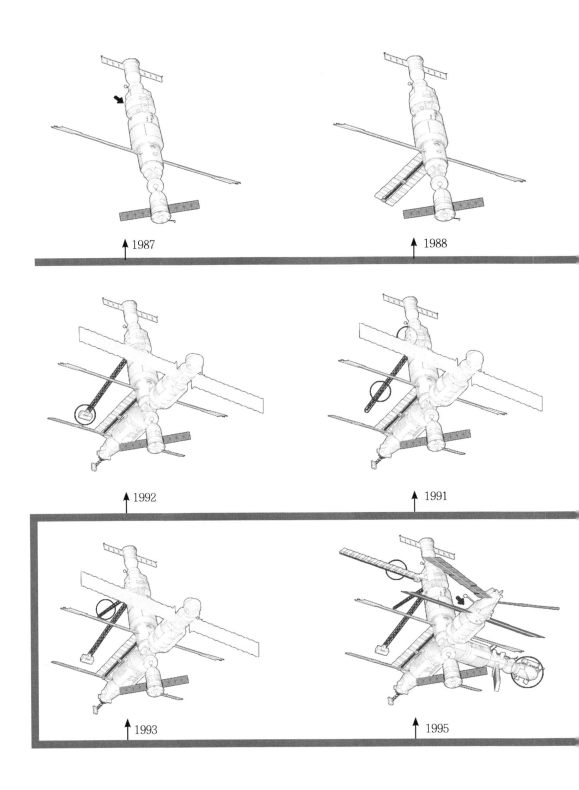

1987

1988

1992

1991

1993

1995

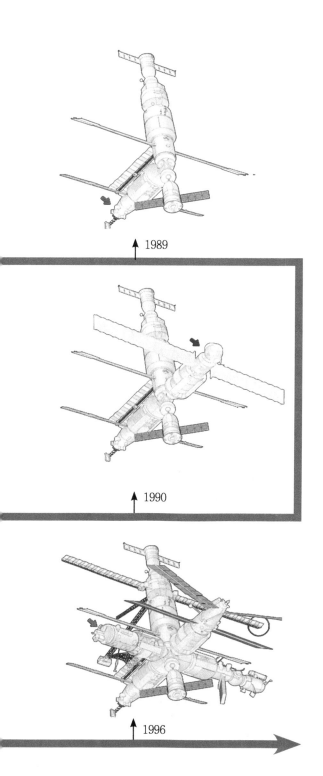

1989

1990

1996

◀

和平号空间站建设进程图

　　和平号空间站建设进程如下：1987年与核心舱对接的量子1号（载有望远镜和姿态控制及生命保障设备）；1989年对接的量子2号（载有用于舱外活动的气闸舱、2个太阳能电池翼、科学和生命保障设备等）；1990年对接的晶体舱（载有2个太阳能电池翼、科学技术设备和一个特别的对接装置，它可与美国航天飞机对接）；1995年对接的光谱舱（载有太阳能电池翼和科学设备）和对接舱（停靠在晶体舱专门对接口上，用于与航天飞机对接）；1996年对接的最后一个舱体——自然舱（载有对地观测和微重力研究设备）。至此和平号空间站在轨组装完毕。

和平号空间站实验舱

核心舱

　　核心舱是和平号空间站第一个发射升空的组件。它在1986年2月20日由质子-K运载火箭从苏联的拜科努尔航天发射场发射升空。核心舱长13.13米，直径4.15米，活动空间90立方米，质量20400千克，翼展20.73米。核心舱是航天员的日常生活及娱乐空间，配置了厕所、健身、医疗及娱乐影音设备，船舱的两头可以睡觉，还有一些私人空间。

▲　核心舱

核心舱的设计主要基于礼炮6号和礼炮7号的设计，不同之处在于其计算机系统和太阳能电池板。核心舱的设计目标是可以为两名航天员提供舒适的独立居室，并且有6个对

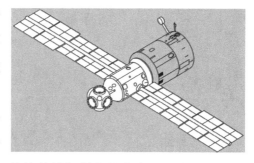

核心舱结构示意图

接口。其中4个对接口位于核心舱的前端辐射状的节点上，被称为停泊港，用于空间站的扩展。另外2个接口侧向排列，1个位于节点，1个位于舱室的尾部，这2个接口是为联盟号和进步号飞船做对接预留的。

1987年6月，第三块太阳能电池板被安装到了核心舱，这是随量子1号带到太空的，这样，太阳能电池板的面积就从76平方米增加到98平方米。

▲ 核心舱及其在空间站中的位置

量子1号天体物理舱

量子1号（Kvant-1）是第二个发射升空的和平号空间站模块，也是第一个与核心舱对接的模块，全长5.3米，最大直径为4.5米，发射质量为20600千克。1987年3月31日发射，4月9日与和平号空间站对接。

量子1号由2个充压的工作室、1个不充压的实验室和1个小的气闸舱组成，充压室容积为40立方米。量子1号携带了附加的生命支持系统，包括氧发生器和排除空气中二氧化碳的设备；量子1号载有天体物理学观测设备和材料科学试验设备，用于研究活动星系物理学、类星体和中子星、超新星SN1987；支持生物技术试验；量子1号的其他科学设备包括X射线望远镜、紫外望远镜、磁质谱仪、电泳仪和研究电离层和磁层的设备。

此外，为了确保天文观测的质量，量子1号携带了2个地球水平传感器、2个恒星传感器和3个恒星跟踪器；而6个陀螺能以极高的精度对整个空间站定向。

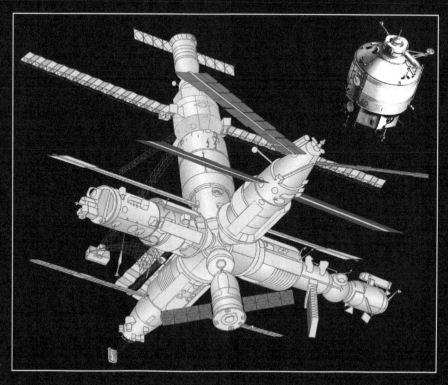

▲　量子1号及其在空间站中的位置

量子2号实验舱

量子2号（Kvant-2）是和平号空间站的第一个径向舱。量子2号主要由气闸舱、科学设备舱和服务存储舱三部分组成。量子2号长12.2米，直径4.35米，质量19640千克，可居住空间61.9立方米，翼展24米。其主要功能是扩展和平号空间站，为空间站提供新的科学实验仪器、更好的生命支持系统，同时其可作为舱外活动的通道和出入口。

量子2号于1989年11月26日发射升空，12月8日，在机械臂的帮助下，从前轴向对接口转移到径向对接口处，并与和平号空间站对接。至此，和平号空间站复合体以"L"形在轨道上运行。

▼ 量子2号

量子2号致力于生命科学、材料科学及地球观测实验的研究。它还携带了大量改善空间站生活条件的设备，包括从循环水中电解氧气的设备、1个供水设备、2个水再生系统、卫生系统、1个淋浴设备及1个气密室。在气密室中还有1个用于舱外活动的背包式设备。这个设备可以帮助航天员进行太空行走并完成一些复杂任务。

量子2号的主要科学设备包括X射线谱仪、红外光谱仪、宇宙尘埃探测器、伽马射线光谱仪、摄像机、地球资源胶片摄像机、可见光谱仪、鸟蛋孵化器、带电粒子探测器、电视摄像机。

▼ 量子2号及其在空间站的位置

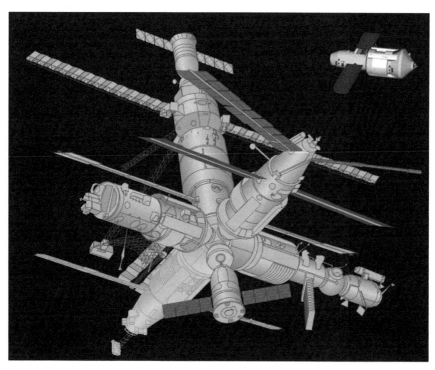

晶体实验舱

晶体舱于1990年5月31日发射升空，6月10日，在机械臂的帮助下，与量子2号相对应的对接口实现了对接。晶体舱由仪器载荷舱和仪表对接舱两个密封舱组成。晶体舱全长为11.9米，最大直径为4.35米，舱内的密封总容积为60.8立方米，总质量为19.64吨（其中含有7吨负载）。晶体舱内有4个半导体炉，7个月内生产了价值1000万美元的空间材料。

晶体舱是和平号空间站的第二个径向舱，其主要作用是在空间飞行条件下，获得特殊性能的结构材料、电子器件、生物制剂和植物栽培工艺；增强地球资源勘察和天体物理实验的能力；作为航天飞机停靠的"码头"。显然，它增加了和平号空间站的功能，为长期载人飞行提供了更加有利的条件。

晶体舱有一个多用途实验室，用于技术和材料处理试验、天体物理学和地球物理学研究。材料处理有5个试验设备，在$10^{-5}g \sim 10^{-3}g$的微重力环境下生产高纯度的二氧化镓、二氧化砷和二氧化锌晶体及单晶体和多种半导体产品。这些

▲ 晶体舱

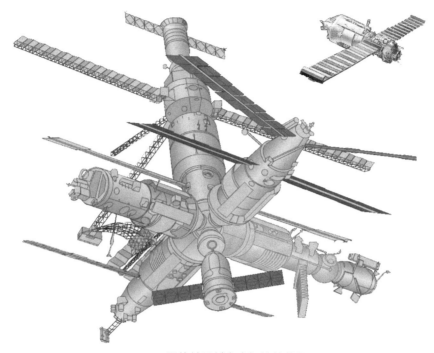

▲ 晶体舱及其在空间站的位置

设备能生产100千克左右特殊材料。生物技术试验设备能进行6个试验项目，包括温室效应试验。

晶体舱除了携带科学试验设备外，还载有一对"雌雄同体"的对接端口。这种对接系统原来计划用于同苏联的暴风雪号航天飞机对接，但后来用于同美国的航天飞机对接。

▶ 雌雄同体对接端口

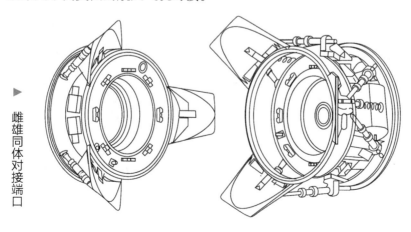

光谱号遥感舱

　　1995年5月20日，光谱舱由质子–K号火箭发射，总质量约200吨。光谱舱主要用于遥感观测地球环境，包括大气层和表面，还可用于研究生物医学等。1997年6月25日，俄罗斯进步号货运飞船与和平号空间站对接时发生碰撞，将光谱舱撞坏并导致空间站外壳损伤，致使光谱舱被迫关闭，部分氧气泄漏，动力系统也受到影响。

　　光谱舱装有一个小型的外部操纵器（机械臂），这个机械臂可以用于部署小型卫星。光谱舱携带的主要科学仪器包括辐射计；大气层微量成分探测器；激光雷达（用于测量上层云的高度，分辨率为4.5米）；光度计；星际气体探测器；吸收谱仪（测量中性大气成分）；辨别弹道导弹弹头和卫星的传感器；跟踪弹道导弹再入的雷达系统；定向微波能量试验系统；辨别再入工具和诱饵的多光谱仪器。

▲　碰撞前的光谱舱

▲　光谱舱在空间站的位置

▲　碰撞后的光谱舱

自然号地球观测舱

　　自然舱是和平号空间站最后一个发射的实验舱。自然舱于1996年4月27日升空，长约9.7米，直径4.35米，总质量19.7吨。它有一个未充压的仪器舱和一个适宜居住的负载舱，充压体积66立方米。自然舱的主要任务是利用遥感技术进行地球资源试验并进一步发展遥感技术。

　　自然舱的遥感仪器包括：

　　● 激光雷达，用于测量云的高度、结构和光学特性，垂直分辨率为150米，水平分辨率为1千米。

　　● 400兆赫兹接收机，用于接收海洋浮标数据。

　　● 用于研究气体和气溶胶的干涉仪。

　　● 海洋高度计，分辨率为10厘米，幅宽2.5千米。

　　● 星下点微波辐射计，幅宽60千米，温度分辨率为0.15K。

　　● 扫描微波辐射计系统，幅宽400千米，温度分辨率为0.15～0.5K。

　　● 微波辐射计，温度分辨率为0.15K。

　　● 红外辐射计，幅宽7千米，空间分辨率为0.7千米×2.8千米。

　　● 光谱仪，测量气溶胶剖面及海洋反射率，幅宽80千米，分辨率为700米。

　　● 地球成像仪，多光谱，立体成像或高分辨率成像，分辨率为6千米。

　　● 高分辨率光学扫描仪，分辨率为10米。

　　● 光谱仪，用于测量臭氧/气溶胶剖面，高度分辨率为1千米。

　　● 合成孔径雷达，幅宽50千米，分辨率为50米。

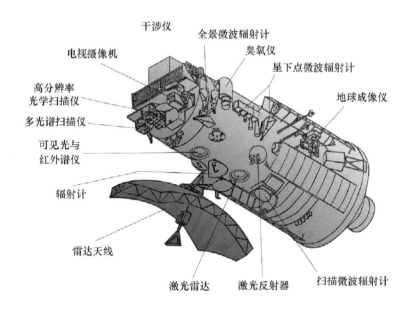

干涉仪

全景微波辐射计

电视摄像机

臭氧仪

星下点微波辐射计

高分辨率
光学扫描仪

地球成像仪

多光谱扫描仪

可见光与
红外谱仪

辐射计

雷达天线

激光雷达　　激光反射器　　扫描微波辐射计

▲　科学仪器在自然舱的位置

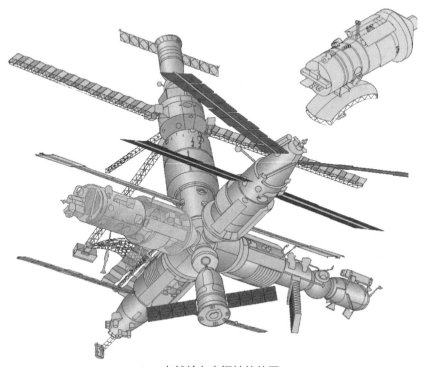

▲　自然舱在空间站的位置

国际合作

和平号-航天飞机计划

和平号-航天飞机计划是1993年由美国副总统戈尔和当时的俄罗斯总理切尔诺梅尔金共同宣布的一项新的美俄合作计划，内容包括美国的航天飞机访问俄罗斯的和平号空间站，俄罗斯的航天员在美国航天飞机上飞行，美国航天员乘联盟飞船入住和平号空间站。这个计划有时也被称为"阶段一"，在此基础上发展到"阶段二"，即美俄共同建设国际空间站。

对于和平号-航天飞机计划，俄罗斯与美国各有打算。从俄罗斯方面看，苏联解体后，俄罗斯经济陷于困境，不得不大大削减费用高昂而又不赚钱的航天开支。和平号空间站只得"为五斗米折腰"，与国外航天界合作，争取外援，维持生存。美国的参与，为和平号空间站计划带来了新的资金来源，最显著的成果是合作之后发射了光谱号和自然号。而且，亚特兰蒂斯号运送的对接舱也使得和平号空间站与航天飞机的对接变得更为容易。从美国方面来说，这个计划为其未来建立国际空间站提供了机遇、挑战，也积累了空间站建设经验。

1994年2月3日，第一架执行和平号-航天飞机计划的美国发现号航天飞机升空，乘员中有一名俄罗斯航天员，这标志着两国在长达37年的太空竞赛后，开始了太空合作。在飞行过程中，发现号的航天员与和平号空间站的航天员进行了语音和视频联络，但没有与之交会对接。

▲ 对接后的亚特兰蒂斯号航天飞机与和平号空间站

▲ 航天飞机与和平号空间站对接后近景

73

　　1995年2月3日发射的航天飞机STS-63,第一次执行了与和平号空间站交会的任务,并围绕和平号空间站飞行,为STS-71航天飞机与和平号空间站对接做准备。此时联盟20号飞船与和平号空间站处于对接状态。

　　1995年6月27日发射的亚特兰蒂斯号成为美国第一架与和平号空间站对接的航天飞机。对接成功后,和平号-航天飞机联合体成为太空中最大的航天器,总质量225吨。对接状态持续了4天22小时9分26秒。亚特兰蒂斯号航天飞机此次飞行载有6名机组人员,和平号空间站内有4名机组成员,共有10名机组人员见证了这一伟大时刻。

　　1995年7月4日,亚特兰蒂斯号航天飞机与和平号空间站分离,同航天飞机一起返回地球的还有和平号空间站第18乘员组的2名航天员。

▼　　航天飞机与和平号空间站对接后美俄两国航天员热烈握手

航天飞机同时搭载8名航天员，这创造了一项历史纪录。此后，又有
STS-4（1995年11月）、STS-76（1996年3月）、STS-79（1996年8
月）、STS-81（1997年1月）、STS-84（1997年5月）、STS-86（1997
年9月）、STS-89（1998年1月）、STS-91（1998年6月）等航天飞机与
和平号空间站交会对接。

在执行和平号-航天飞机计划期间，美俄两国的科学家开展了一系
列科学试验活动，具体内容涉及8个方面：空间新技术，共8项试验；地
球科学，共3项试验；基础生物学，共12项试验；生命科学，共10项试
验；减轻国际空间站的风险，共11项试验；生命保障，共4项试验；微
重力，共27项试验；空间科学，共2项试验。

▼ 10名机组人员在和平号空间站内的合影

国际科学考察计划

　　据统计，和平号空间站15年来总在轨运行5199天，共绕地球飞行了8万多圈，行程35亿千米，共与31艘联盟号载人飞船、62艘进步号货运飞船、10架航天飞机实现对接，航天员在和平号空间站上进行了80次太空行走，在舱外空间逗留的总时数达359小时12分钟。先后有28个长期考察组和16个短期考察组在和平号空间站上从事考察活动。共有俄罗斯、美国、英国、法国、德国、日本、叙利亚、保加利亚、阿富汗、奥地利、加拿大、斯洛伐克12个国家的104名航天员曾在和平号空间站上工作过。这些航天员共进行了1.65万次科学试验，其中完成了23项国际科学考察计划，获得了大量数据和具有重大实用价值的成果。航天员们还拍摄了许多恒星、行星的照片，进行了基本粒子和宇宙射线的探测，大大扩展了人类对宇宙的认识。他们还探测了从太空预报地震、火山爆发、水灾及其他自然灾害的可能性。此外，航天员的太空生活经验也为长期星际飞行提供了医学方面的宝贵经验。

　　美国女航天员露茜德从1996年3月22日到9月26日在和平号空间站停留了179天。这次任务她一共连续在太空停留了188天（包括乘坐航天飞机的9天），成为当时在太空停留时间最长的女性。这项纪录一直保持到2007年6月16日，被另一位美国女航天员威廉姆斯打破（在国际空间站连续停留195天）。

重大事故

严重碰撞

1997年6月25日，进步号货运飞船在与量子1号做对接机动试验时发生故障，一头撞到光谱舱上，造成航天史上最严重的碰撞事故。撞击损坏了光谱舱的太阳能电池板，并引发光谱舱空气泄漏。幸亏两名航天员准确定位，及时堵上漏洞，避免了过多氧气泄漏。这次碰撞之后，光谱舱留下了一个洞，随后他们关闭了通往光谱舱的通道。在这次事故中，航天员差一点就需要使用疏散逃生飞船。1997年8月和10月，俄罗斯航天员进行了两次太空行走，修好了部分受损部件，使和平号空间站供电能力恢复到撞击前的大约70%。

▲ 受损的太阳能电池板

火灾事故

1997年2月23日，和平号空间站发生了火灾。一名航天员在量子1号舱内用高氯酸锂制氧时，制氧设备突然破裂，引起火灾，明火燃烧了90秒，烟雾蔓延到整个空间站，航天员们都戴上了防毒面具。浓烟持续了5~7分钟，幸好空间站的空气过滤系统性能很好，没有给航天员带来更大危害。美国航天员利宁格在描述这场火灾时说："我没有想到烟扩散得那样快。在微重力环境下，没有对流，但空间站内的鼓风机工作时，空气连续循环，烟扩散的速度比我预想的要快10倍。"

其他事故

和平号空间站设计的轨道寿命大约为3~5年，其后将开发出和平2号空间站接替它。但20世纪80年代后期，苏联的经济危机及其解体后俄罗斯经济处于困境，和平2号空间站因资金不足而"难产"。于是，和平号空间站在困境中担负起发展载人航天事业的使命。由于超期服役，和平号空间站的故障越来越多，难以正常运转。空间站的中央计算机已老化到了必须完全更换的地步；空间站的温度调节系统也故障不断，舱内的局部温度有时竟达53℃；和平号空间站上的蓄电池曾两次异常放电，导致和平号空间站与地面短暂失去联系及空间站局部停电；15年的微流星体和轨道碎片的撞击以及空间站内部化学物品的腐蚀已使和平号空间站大约70%的外体遭到溅蚀。但要彻底维修耗资巨大，俄罗斯政府对此无能为力。

悲壮的结局

成就与尴尬

和平号空间站在轨运行15年，成就辉煌，可以说是载人空间站研制与运行的一个重要里程碑。人类在和平号空间站中所掌握的太空舱建造、发射、对接技术，太空行走技术，太空生命保障技术，航天医学、生物工程学、天体物理学、天文学知识以及商业航天开发经验，都已经在国际空间站建设及未来的月球、火星基地规划中发挥了不可替代的作用。

和平号空间站在空间商业化等方面进行了许多有益的探索，并获得了大量数据及具有重大实用价值的成果，为人类开发利用太空和在太空长期生活积累了丰富的经验。在医学领域，航天员研究了在太空使用的药物处方、航天员飞行后的体力恢复方法；在生物学领域，航天员研究了蛋白质晶体生长、高效蛋白质精制、特殊细胞分离、特种药品制备等；在材料和空间加工领域，航天员进行了600多种材料实验，制造了半导体、玻璃、合金等35种材料；在对地观测方面，航天员发现了10个可能有稀有金属矿藏的地点、117个可能有油脉存在的地点。此外，航天员还开发了大量空间新技术。

太空环境其实是十分恶劣的。原子氧会不断地侵蚀空间站表面材料；微流星体和微轨道碎片也不断地撞击空间站，溅蚀表面材料，甚至使一些部位伤痕累累；空间站上有许多转动部件，这些转动部件会随着使用时间的延长而逐渐老化；太阳发出的紫外辐射，也会加速一些暴露部件的老化。面对这种恶劣的环境，空间站需要进行定期维修并更换一些部件。

俄罗斯糟糕的经济使其根本无力对和平号空间站进行大修，空间站故障频发。在和平号空间站最后的日子里，曾有人想购买和平号空间站，计划让它作为第一个在轨的电影及电视工作室，在太空中完成电影电视的制作过程。由私人赞助的联盟TM-30飞船在2000年4月4日带着两名航天员进入太空，对和平号空间站进行了两个月的修复工作，希望其可以胜任今后的工作，但这最终成为空间站的最后一次任务。由于俄罗斯联邦航天局需要支持国际空间站计划，再也没有经济能力维持和平号空间站庞大的财政开销，于是，2001年1月5日，俄罗斯总理卡西亚诺夫签署了结束和平号空间站工作的政府命令，准备结束它辉煌的历史使命。

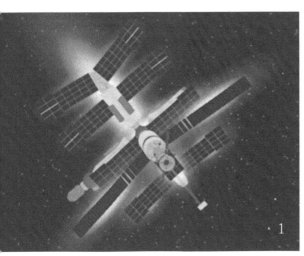

大气层中的火光

　　2001年3月23日，是和平号空间站坠毁的日子。曾经让俄罗斯人骄傲和自豪的太空大厦，从此将在太空消失，可以想象，俄罗斯人是以怎样的心情来关注和平号空间站最后一次表演的。

　　和平号空间站坠入大气层的整个操作过程分三个阶段：

　　第一阶段是与进步M1-5无人货运飞船对接。

　　第二阶段是将和平号空间站的轨道转变为165千米×220千米。为了实现这个目标，进步M1-5无人货运飞船的控制发动机在2001年3月23日00:32 UT和02:01 UT两次点火。在两次轨道制动后，进入第三阶段。

　　第三阶段是在2001年3月23日05:08 UT，进步M1-5无人货运飞船的控制发动机和主发动机点火，持续时间超过22分钟。和平号空间站在05:44 UT从高度为100千米处进入大气层，空间站开始逐渐损坏。06:00 UT，燃烧殆尽的空间站残骸，落入了南太平洋冰冷的海水中。

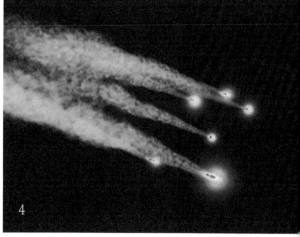

▲　和平号空间站在坠毁过程中的变化

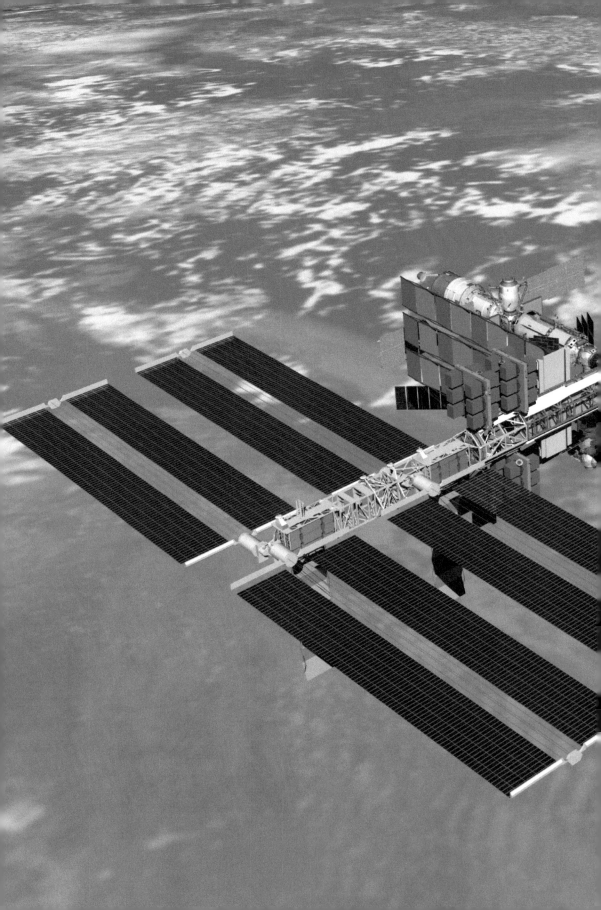

第5章

国际空间站

国际空间站是由16个国家联合建造的，2000年11月第一个部件发射升空，2011年基本建成，其平面尺寸相当于一个标准足球场。空间站总重419吨，可同时容纳6名航天员在站内工作。

本页图为国际空间站的桁架式结构。

国际空间站的由来

三个计划的组合

国际空间站（International Space Station，ISS）来自于早期三个国家空间站计划的组合，即苏联/俄罗斯的和平2号空间站计划、NASA的自由号空间站计划（包括日本的希望号实验舱）和欧洲的哥伦布实验舱，加拿大的机械手为这些计划提供工具。

1. 和平2号空间站计划

为了保持在空间站方面的技术优势，苏联在发射和平号空间站前10年，即1976年2月，就已经开始了其后继者和平2号空间站的研制工作。和平2号空间站与和平号空间站属于同一型号，规模也很大，具有多个对接口。但在结构上有较大变化，目的是避免和平号空间站在运行中存在的问题。和平号空间站最大、最致命的缺陷就是其动力供应不稳定，这是由于和平号空间站表面的太阳能转换板安排得太过密集，并且十分接近和平号空间站的主体舱，使得和平号空间站的主体舱经常挡住太阳能转换设备的部分阳光，从而导致和平号空间站动力供应出现问题。和平2号空间站的设计将吸取这一教训，以保证动力供应的稳定性。和平号空间站的控制系统也一直问题丛生，为了防止这一问题再次出现，和平2号空间站的设计将在其导航系统方面采用新技术。此外，和平2号空间站运行轨道的倾斜度也由和平号空间站的51.6°改为65°，这样和平2号空间站的轨道就可以覆盖整个俄罗斯领土，这是和平号空间站无法做到的。

依据此思路，和平2号空间站前部对接口连接的不是舱段或者飞船，而是一根与核心舱差不多长但是细很多的增压通道，通道的另一头才是对接口。这根细长增压通道的功能，部分地类似自由号空间站的桁架，太阳能电池帆板对称地安装在增压通道上，这样核心舱外壁就有空间安装太阳能电池板和机械臂。

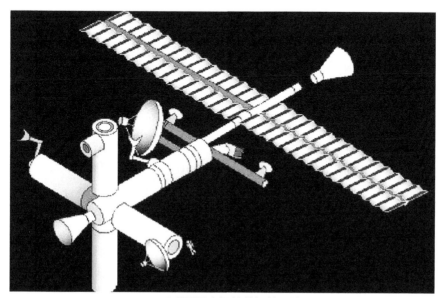

▲ 和平2号空间站的初始设计

▲ 和平2号空间站在太空运行示意图

2. 自由号空间站计划

天空实验室计划的成功使NASA上下为之振奋，空间站的探索工作也随之进入了新阶段。1984年1月25日，美国总统里根在国情咨文中正式提出美国将在未来十年内发展永久空间站。他说："今晚，我命令国家宇航局，在十年之内发展永久性载人空间站。空间站的建立，将使我们的科学研究、通信、金属冶炼以及只有在太空才能生产的救生药品的发展发生更大的飞跃。"这就是自由号空间站的起源。

3. 哥伦布实验舱

1984年，ESA被邀请参加自由号空间站，ESA将在1987年提供哥伦布实验室。

空间站结构的设想

20世纪80年代初到90年代初，几次航天飞机飞行和太空行走，验证了空间站的结构技术，由此提出了一系列空间站结构的设想。

1. 动力塔

动力塔的概念是在1984年提出来的。在这种设计方案中，有一个长的中心龙骨架，空间站的大部分质量都集中在塔的两端。这种结构有利于保持空间站的稳定，减少推进器点火的次数。

▲ 动力塔

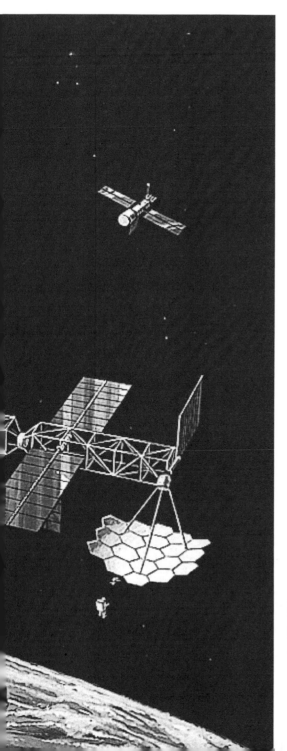

2. 双骨架设计

这种设计方案是在1986年提出来的，即将主要舱段移到空间站的重心上，这样能提供更好的微重力环境，但这种设计要求有两个大的骨架才能实现。

◀ 双骨架设计

▲ 道格拉斯的空间站概念（1986）

3. 道格拉斯的空间站

道格拉斯的空间站概念描述
了一个由航天员控制的机械手，
这个机械手用于移动和安装新的
空间站部件。

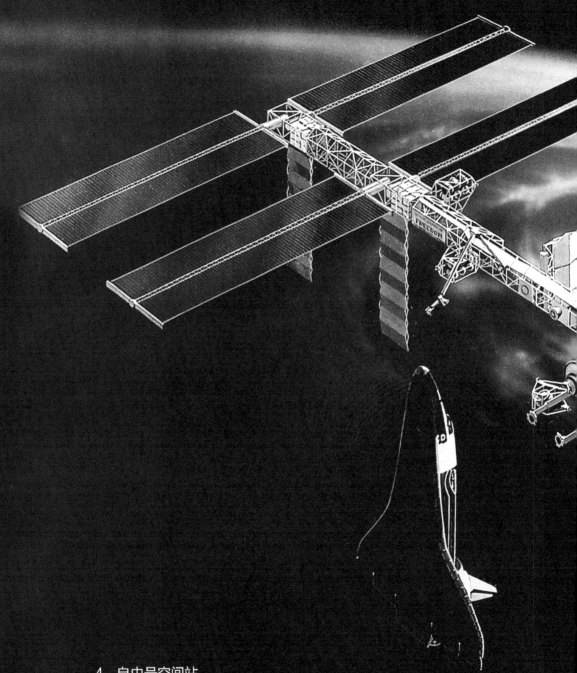

4. 自由号空间站

自由号空间站1991年的设计
版本与后来的国际空间站构型比
较接近。

▲ 自由号空间站1991年设计的版本

由于自由号空间站计划耗资极大，在美国引起不断争论。1992年年初，美国国会责成NASA大力缩小空间站设计规模。1992年3月，NASA提出了新方案，预算仍为300亿～400亿美元，到2000年也无法全部投入使用。1992年6月，部分国会议员提出要取消自由号空间站计划。而英国、法国、日本、加拿大等国和ESA都认为自由号空间站计划一旦取消，将会对未来的国际空间合作带来严重后果。NASA面临着继1986年2月挑战者号航天飞机爆炸之后又一次严重的信任危机。

危机就是危险和机遇的组合。昔日势不两立的对手在危险中看到了合作的机会。1992年11月，对各自空间站计划忧心忡忡的俄罗斯政府与ESA商讨合作研制和使用和平2号空间站的可能性。1993年，NASA也加入进来。经过复杂的磋商，NASA吸收了俄方的意见，继续修改自由号设计，提出了2种新方案并呈交克林顿总统。9月，克林顿总统选定了"俄国阿尔法"（Russian Alpha）计划。该计划规模较大，性能也更好，有6名航天员，其中俄罗斯航天员2名。随后，该计划改名为阿尔法号空间站，并得到每年21亿美元的固定预算，总额165亿美元。阿尔法号空间站其实就是自由号空间站与和平2号空间站的杂交体。

现在的名字国际空间站是不同命名之间妥协的产物。美国最初提议的名字是"阿尔法"（Alpha），但是遭到俄罗斯的反对，俄方认为这样的命名暗示国际空间站是人类历史上第一个空间站，而事实上苏联以及后来的俄罗斯先后成功地运行过8个空间站。

俄罗斯提议将空间站命名为"亚特兰大"（Atlanta），但是这个议案遭到美国的反对，美方认为亚特兰大的读音和拼写太接近传说中沉没的大陆"亚特兰蒂斯"，其中似乎隐含了不祥的征兆，而且亚特兰大这个名字也容易与美国的一架航天飞机——亚特兰蒂斯号航天飞机相混淆。

十六国下决心共同建空间站

经过十余年的探索和多次重新设计，直到苏联解体、俄罗斯加盟，国际空间站才于1993年设计完成，并开始实施。该空间站以美国和俄罗斯为首，包括加拿大、日本、巴西和ESA（ESA成员国中参与国际空间站计划的国家有：比利时、丹麦、法国、德国、意大利、挪威、荷兰、西班牙、瑞典、瑞士和英国）共16个国家参与研制。

空间站的建设计划分为三个阶段：

第一阶段——准备阶段（1994—1998年）。首先，进行9次美国航天飞机与俄罗斯和平号空间站的对接飞行。其次，送美国航天员到和平号上累计工作近3年，以训练美国航天员在空间站上的生活和工作能力，试验美俄在国际空间站上将要使用的硬件及指挥、控制和各种通信程序。

第二阶段——初级装配阶段（1998—2001年）。该阶段的主要目标是建成1个具有载3人能力的初期空间站。1998年11月20日，第一个组件曙光号多功能货舱（美国出资，俄罗斯制造）发射成功，标志着空间站正式进入初级装配阶段。第二个组件——美国团结号节点舱于1998年12月4日由奋进号航天飞机送入轨道，并于12月7日与曙光号多功能货舱成功对接。2000年7月12日，核心组件、俄罗斯建造的星辰号服务舱发射入轨，11月2日，首批3名航天员进驻空间站，空间站开始长期载人，11月30日，美国奋进号航天飞机送去两块翼展达72米、最大发电量为65千瓦的大型太阳能电池帆板。2001年2月7日，美国的命运号实验舱由亚特兰蒂斯号航天飞机送入轨道，4月23日，加拿大制造的遥控机械臂与国际空间站顺利对接，7月12日，美国亚特兰蒂斯号航天飞机把供航天员出舱活动的气闸舱送入轨道。至此，美国和俄罗斯等国完成了国际空间站第二阶段的装配工作。

第三阶段——最终装配和应用阶段（2001—2011年）。本阶段目标是使国际空间站的装配达到6~7人长期在轨工作的能力。

国际空间站的结构

桁架式结构组装便于维修

　　国际空间站总体设计采用桁架挂舱式结构，即以长达百米的桁架为基础结构，然后将多个舱段和设备安装在桁架上。这种结构具有很多优点：长的桁架提供了较宽阔的设备安装区，为安装各种分系统提供了良好的结构基础，在运行中桁架垂直于轨道面，因此各种观测设备可不受阻挡的同时观测；较宽的桁架结构还非常有利于大面积的太阳能电池翼的安装，从而为国际空间站提供充足的能量。但其缺点是规模大（空间

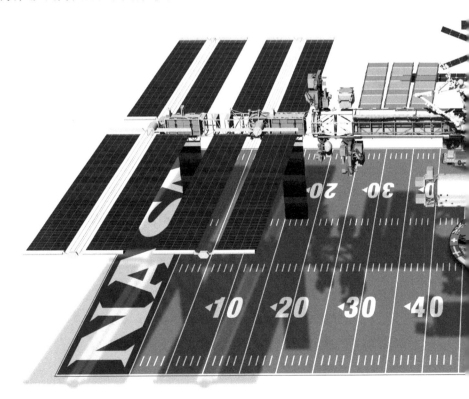

站的平面尺寸如同一个标准足球场），费用高，技术复杂，尤其是需要航天员多次出舱完成组装工作，导致建设周期很长。

从宏观上看，国际空间站由两部分组成：第一部分是加压舱段，以俄罗斯曙光号多功能货舱为中心，通过对接舱和节点舱，与俄罗斯、美国、日本、欧洲舱对接，形成空间站加压舱部分；另一部分是服务设施，包括美国的中心桁架、安装在桁架上的4对太阳能电池翼、加拿大遥控机械臂系统，以及舱外仪器等。

从系统构成来看，国际空间站可分为电源系统，热控系统，通信与跟踪系统，制导、导航与控制系统，结构与机构系统，环境控制和生命保障系统，指令与数据处理系统，机器人系统，飞行乘员系统，有效载荷系统等10个系统。

▼ 平面尺寸如同一个标准足球场

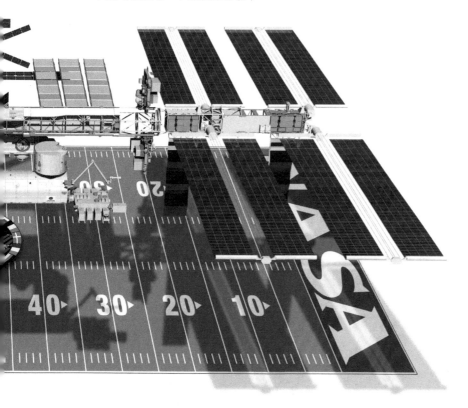

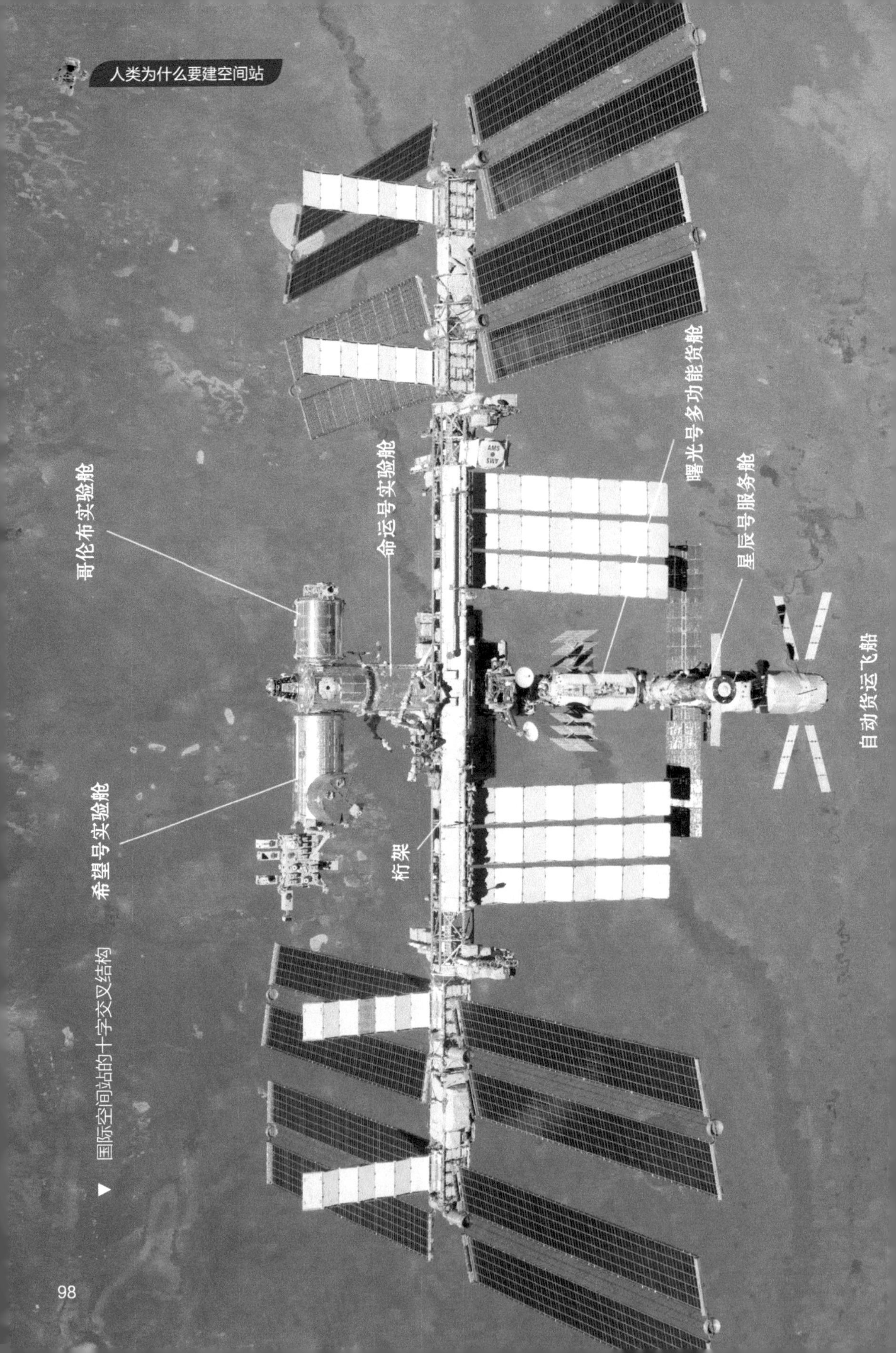

▶ 国际空间站的十字交叉结构

哥伦布实验舱

希望号实验舱

命运号实验舱

桁架

曙光号多功能货舱

星辰号服务舱

自动货运飞船

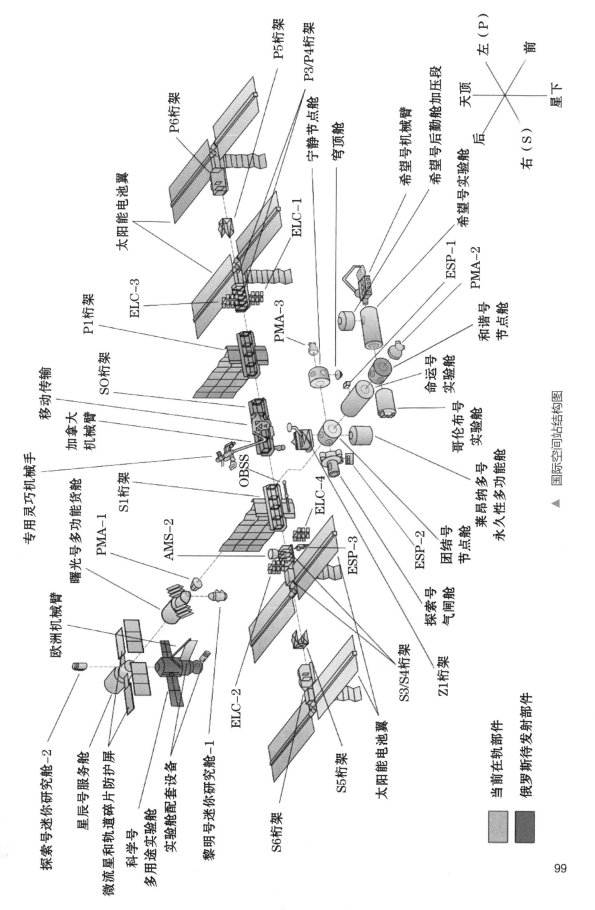

专用灵巧机械手
移动传输
加拿大机械臂

P5桁架
P3/P4桁架
宁静节点舱
穹顶舱
希望号机械臂
希望号后勤舱加压段
希望号实验舱

P6桁架
太阳能电池翼

ESP-1
PMA-2
和谐号节点舱

ELC-1

P1桁架
ELC-3
PMA-3

SO桁架

命运号实验舱

左（P）
前
天顶
星下
后
右（S）

欧洲机械臂

曙光号多功能货舱
PMA-1
S1桁架
OBSS
AMS-2
ELC-4

哥伦布号实验舱

莱昂纳多号永久性多功能舱

探索号迷你研究舱-2
星辰号服务舱
微流星和轨道碎片防护屏
科学号多用途实验舱
实验舱配套设备
黎明号迷你研究舱-1

ELC-2
S3/S4桁架
Z1桁架
探索号气闸舱
ESP-2
团结号节点舱

ESP-3
S5桁架
太阳能电池翼
S6桁架

▲ 国际空间站结构图

当前在轨部件
俄罗斯待发射部件

99

实验舱纵向排列便于交往

　　表面看来国际空间站结构似乎很复杂，其实仔细分析就会发现，其总体结构是十字交叉的两大部分。横向是桁架及在桁架上挂接的仪器设备和太阳能电池板，作为空间站的服务系统；纵向是曙光号多功能货舱、星辰号服务舱、命运号实验舱、希望号实验舱、哥伦布实验舱等实验舱通过对接舱和节点舱连接并形成空间站的核心部分。这种结构可加强空间站的刚度，有利于各实验舱之间交往，充分发挥科研设备的性能。国际空间站纵向排列的部件中除了上述实验舱外，还有一些辅助舱段，如压力适配器（PMA）、节点舱（node）、对接舱、穹顶舱（cupola）和气闸舱（airLock）等。国际空间站使用了3个压力适配器，分别标为PMA-1、PMA-2和PMA-3。压力适配器的功能是可以用不同的对接机械连接飞船和模块。

▼　发现号航天飞机用压力适配器与国际空间站对接

1. 节点舱

节点舱是用于与空间站其他部件连接的舱段，所以也称为连接舱。国际空间站上有3个节点舱，名称分别是团结号节点舱(node-1)、和谐号节点舱（node-2 ）以及宁静号节点舱(node-3)。节点舱在空间站上起着重要作用，不仅用于连接舱段，还通过管道向相关舱段输送各类物资。和谐号节点舱能提供空气、电能、水和其他系统来支持国际空间站其他8个舱组，并同哥伦布实验舱及希望号实验舱组对接。宁静号节点舱上装备了目前太空中最先进的生命保障系统，这些系统可以循环利用废水，循环利用后的水能供航天员使用，并同时产生氧气供航天员呼吸。另外，宁静号节点舱上装备了空气再生系统，能净化舱内的空气，并为空间站提供一个观测和操控的窗口。宁静号节点舱上还有一个供乘员使用的太空厕所。

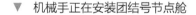
▼ 机械手正在安装团结号节点舱

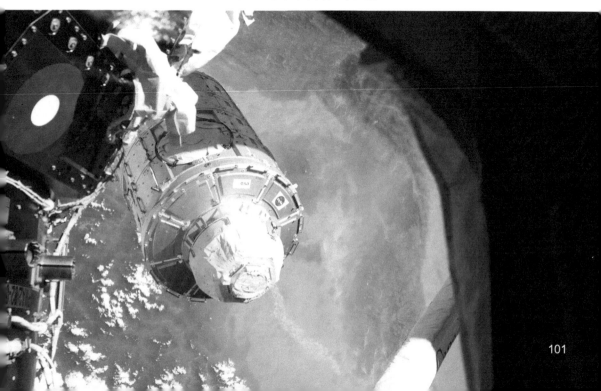

▲ 码头号对接舱的内部

2. 对接舱

    对接舱是用于载人飞船、航天飞机、货运飞船与空间站交会对接的装置。国际空间站上的对接舱具有对接、气闸舱两种功能。2001年8月发射的码头号对接舱是俄罗斯制造的，其作用在于使飞船等航天器能停靠在空间站上。这个舱的设计类似于和平号空间站上的对接舱，它提供了一个可以与联盟号载人飞船和进步号货运飞船对接的接口，它也为使用俄制宇航服Orlan-M的航天员进行太空行走提供了两个气密过渡舱。国际空间站上的一些节点舱也可用于对接。

▲ 穹顶舱内部结构

3. 穹顶舱

穹顶舱是ESA建造的国际空间站观察台组件。此观察台为航天员提供了一个直接观察机械臂操作、已对接的航天器和远眺地球的地方。穹顶舱总高度1.5米，最大直径2.95米，质量为1880千克。穹顶舱设有6个周边窗户及1个天窗，全部窗户均附有活动遮盖板来避免受到小型流星体及太空垃圾撞击而导致的损毁。它亦附设了温度控制系统和声音、影像及总线界面装置。

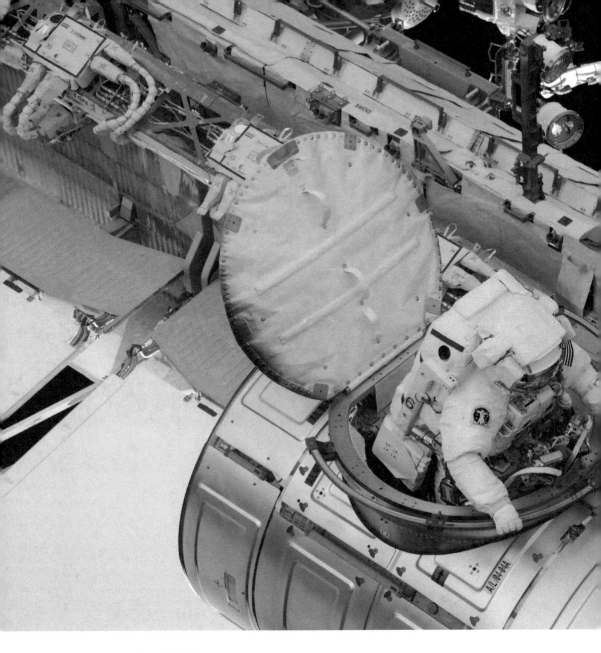

4. 气闸舱

气闸舱是用于航天员舱外活动的过渡舱，在国际空间站上的专用气闸舱主要有探索号（Quest）、搜寻号（Poisk）和码头号（Pirs）。

气闸舱一般包括2个分段：储存宇航服、设备的"装备段"和让航天员进入太空的"乘员段"。探索号的设计来源于航天飞机的压差隔离舱，

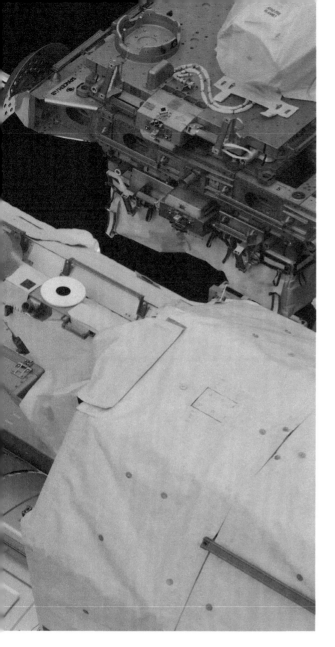

航天员从探索号气闸舱出舱

为了在使用时减少空气的浪费，它做了重大的改进。探索号气闸舱装备了4个高压储气罐，其中2个装氧气，另2个装氮气，这些气体将用以补充在进行太空行走时，空间站舱门打开1次所损耗的空气。

对美国人来说，探索号气闸舱是非常必要的。由于不同的装配和连接，美国人无法利用俄罗斯的密封过渡舱来穿戴本国的航天服。探索号气闸舱被设计成能兼容美国和俄罗斯两种不同航天服的气闸舱。

巨大的太阳能电池分列两旁

　　因为太阳能电池要求随时对日定向，需不断转动，因此4个巨大的太阳能电池阵分列空间站桁架的两端。每对电池阵的翼展为73.2米，整个电池阵总面积达2419平方米，功率76千瓦。每个电池阵配备

▲

国际空间站的太阳能电池阵结构

6个镍氢蓄电池，用于空间站在阴影区时的供电。当太阳能电池翼处于太阳光下时，它为蓄电池充电；当空间站处于阴影时，则由蓄电池供电。此外，桁架上各段都有旋转机构。安装在桁架上的还有一些科学仪器、高频天线、视频传送天线、摄像机及移动机械手等。美国的命运号实验舱位于桁架的正下方。

▲ 航天员站在加拿大机械臂-2的末端

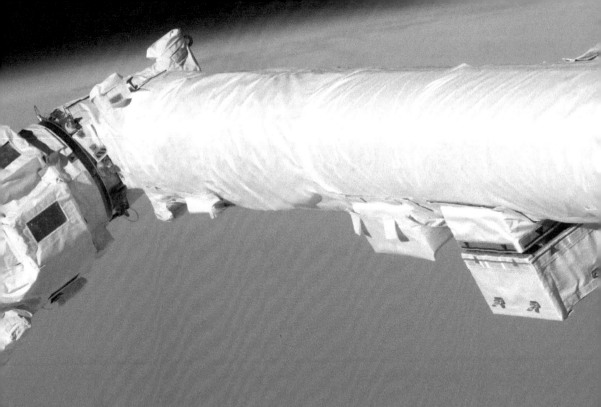

机械手灵活移动东奔西忙

　　加拿大为国际空间站研制了一个移动服务系统，这个系统包括世界上最大的太空机械臂，即加拿大机械臂-2，以及移动基座和德克斯特专用灵巧机械手。

国际空间站的实验舱

星辰号服务舱首先登场

2000年7月12日，星辰号服务舱由质子号运载火箭发射升空，2000年7月26日，它与曙光号多功能货舱对接。

星辰号服务舱包括1个供空间站乘员生活和工作的圆柱形的工作隔舱，1个有对接入坞装置的中转隔舱，1个非承压的装配隔舱，在中转隔舱的周围，另有1个具备3个对接口的球形中转间。整个服务舱质量为18051千克，长13.1米，太阳能电池板展开时长29.7米。中转隔舱与曙光号多功能货舱相连。中转隔舱还有用于与科学能量平台和通用对接舱相连接的对接口。中转隔舱装备有自动对接入坞装置，可用于对接联盟号飞船和进步号货运飞船。装配隔舱装备了诸如推进器、天线、推进箱等外部装备。

▲ 星辰号服务舱内部

星辰号服务舱有可供2个乘员睡觉的区域、1台跑步机和1辆自行车可供健身使用、厕所以及其他卫生设备、1套带冰箱的厨房设备。星辰号服务舱一共有14个窗口，每个乘员舱都至少有1个窗口。星辰号服务舱还装备了1个用以电解湿气和废水并产生氢气和氧气的电子装置，氢气被排放出去，而产生的氧气可供呼吸。星辰号服务舱有16个小的推进器和2个大的推进器，并装备了8个电池用于储存能量。

日本的希望号实验舱

希望号实验舱包含4个模块，其中加压模块（PM）是一个长11.2米、外径4.4米、内径4.2米的圆筒形模组设备，是希望号实验舱的核心模块，它包含10个国际标准组件挂架，加压模块外侧是暴露模块，装设在此处的各种实验被直接暴露在太空环境里。实验后勤模块包含服务于加压模块的加压部分和暴露模块的不加压部分，主要用于储藏和移动物品。遥控操纵系统是一个机械手臂，装在PM锥体左舷，主要用来服务暴露模块和将物体移动到实验后勤模块。

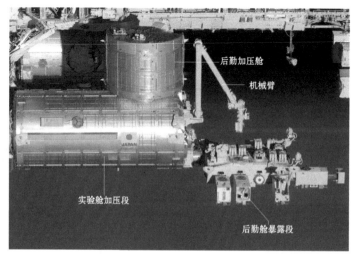

▲　希望号实验舱

功能齐全的命运号实验舱

　　命运号实验舱是美国在国际空间站上的主要实验舱。2001年2月7日，命运号实验舱由执行STS-98任务的亚特兰蒂斯号航天飞机搭载进入太空。命运号实验舱长8.5米，直径4.27米，质量14.5吨。它包含3个圆柱形的部分和2个锥形部分。命运号实验舱的前部同和谐号节点舱相连，后部与团结号节点舱相连。

▼　　命运号实验舱内部

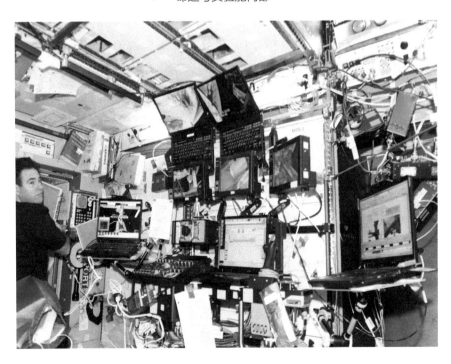

　　命运号实验舱上总共装有23个载荷架，每个载荷架质量大约540千克，有效载荷装载在国际标准载荷架上。抵达国际空间站时的命运号实验舱安装了5个这样的载荷架，承载了电力、冷水、再生空气及温度和湿度控制等设备。

　　在安装了加压设备的舱室内，航天员能进行多种科学领域的研究和试验，全世界的科学家将使用由此得到的数据，提升他们在医学、工程学、生物工程学、物理学、材料科学、地球科学等方面的研究水平。

▼　命运号实验舱外形图

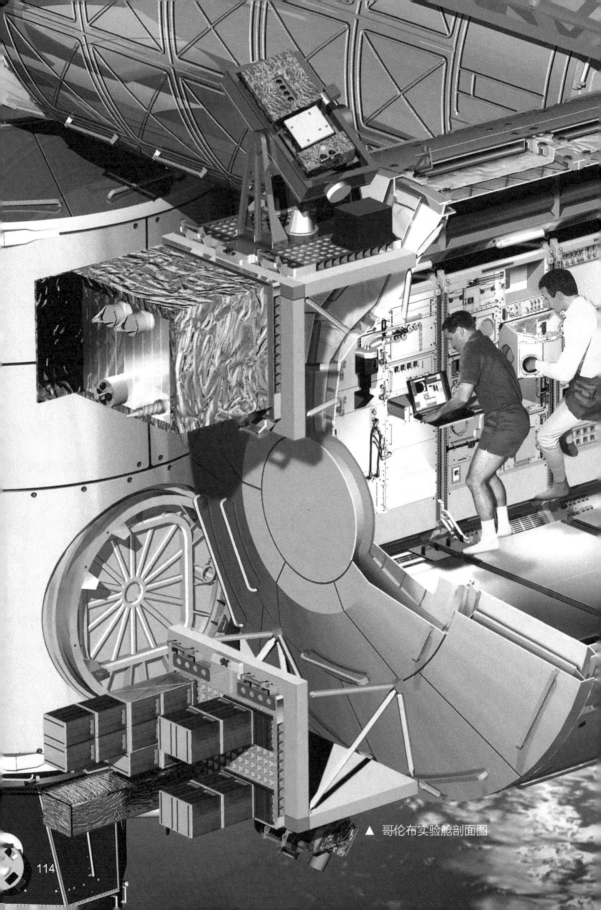

▲ 哥伦布实验舱剖面图

欧洲的哥伦布实验舱

　　哥伦布实验舱由ESA负责研制，长7米，直径4.5米，总在轨质量12.8吨，总负载质量2.5吨。哥伦布实验舱有多项实验设施，包括流体科学实验室、物理学模块、生物学实验室、太阳监视观测台、大气层-空间相互作用监测器以及空间原子钟部件(ACES)等。

科学实验研究

科学研究领域

在美国、俄罗斯、欧洲和日本建造的实验舱中，有许多专门用于科学实验的设备，科学研究领域涉及微重力物理学、基础物理学、微重力条件下的生命科学、人类健康研究、生理学与太空探索、空间对地观测等。

在对地观测方面，国际空间站比遥感卫星优越。首先它是有航天员参与的，因而当地球上发生地震、海啸或火山等事件时，空间站上的航天员可以及时调整遥感器的各种参数，以获得最佳观测效果；当遥感器等仪器设备发生故障时，航天员又可随时将其维修到正常工作状态；国际空间站还可以通过航天飞机或飞船更换遥感仪器设备，使新技术及时得到应用。用它对地球大气质量进行监测，可长期预报气候变化，在陆地资源开发，海洋资源利用等方面，人类都会从中受益。

国际空间站在天文观测上要比其他航天器优越得多，是了解宇宙天体位置、分布、运动结构、物理状态、化学组成及其演变规律的重要手段。因为有人参与观测，再加上空间站在太空的活动位置和多方向性，以及机动的观察测定方法，仪器设备的作用可得到更充分的发挥。通过国际空间站，天文学家不仅能获得宇宙射线、亚原子粒子等重要信息，了解宇宙奥秘，而且还能对影响地球环境的天文事件（如太阳耀斑、暗条爆发等）做出快速反应，及时保护地球，保护在太空飞行的航天器及其成员。

国际空间站上的生命科学研究可分为人体生命科学与重力生物学两方面：人体生命科学的研究成果可直接促进航天医学的发展，例如，通过多种参数来判断重力对航天员身体的影响，可提高对人的大脑、神经和骨骼及肌肉等方面的研究水平。重力生物学和材料科学的研究与应用有广阔的前景。

仅就太空微重力这一特殊因素而言，国际空间站的微重力条件要比和平号空间站和航天飞机优越得多，国际空间站就能为研究生命科学、生物技术、航天医学、材料科学、流体物理、燃烧科学等提供比地球上好得多、甚至在地球无法提供的优越条件，直接促进这些学科的进步，特别是在材料发展上可能得到一次革命性的飞跃。同时，国际空间站的建成和应用，也是向着建造太空工厂、太空发电站，进行太空旅游，建立永久性居住区（太空城堡），向太空其他星球移民等载人航天的远期目标迈进了一步。

▲ 航天员在拉达温室检查植物生长

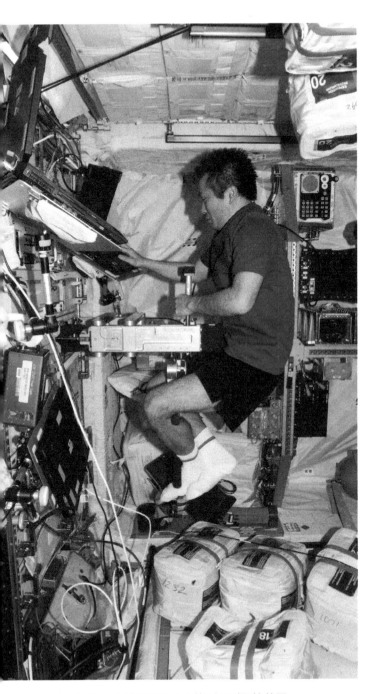

▲ 俄罗斯航天员在
植物生长实验设备旁留影

▲ 哥伦布实验舱内用于人体质量测量的装置

▲ 美国航天员在哥伦布
实验舱内工作的情景

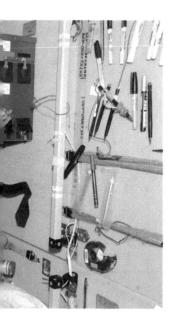

▲ 日本航天员在哥伦布实验舱进行"氧气摄入测量"实验

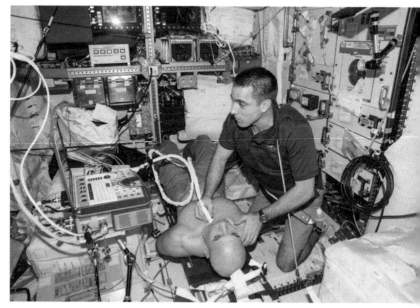

▲ 美国航天员在哥伦布实验舱内用超声波对航天员进行体检

▲　命运号实验舱内的辐射监测仪器

▲　美国航天员在日本希望号实验舱中做细胞生物学实验

▲　美国航天员在手套式操作箱前做实验

▲　美国航天员Hopkins（左）、俄罗斯航天员Kotov（中）和Ryazanskiy（右）在日本希望号实验舱的三人造型

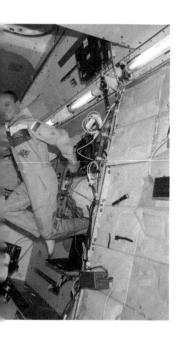

▲ 美国航天员在命运号实验舱燃烧集成平台前工作

从空间站看导弹发射

  国际空间站上已经获得大量高清晰度的地球照片，记录了各式各样的自然现象和奇观。但在空间站上拍摄弹道导弹发射，机会是不多见的。国际空间站第37/38长期考察组的乘员在2013年10月10日拍摄到俄罗斯发射"白杨"弹道导弹所产生的太空烟云。当然，拍摄时只是注意到这种奇异现象，事后才知道是俄罗斯的洲际弹道导弹发射。下面的图形是由美国航天员霍普金斯和意大利航天员卢卡拍摄的。

▲　导弹发射产生的太空烟云

阿尔法磁谱仪

阿尔法磁谱仪（Alpha Magnetic Spectrometer，AMS）是一个安装于国际空间站上的粒子物理试验设备，最初由麻省理工学院的物理学家、诺贝尔物理学奖得主丁肇中于1995年提议，并主持相关的国际合作计划。该计划是一个国际合作项目，参与者有200多人，来自31所大学和15个国家。目的在于探测宇宙中的奇异物质，包括暗物质及反物质。阿尔法磁谱仪将依靠1个巨大的磁铁及6个超高精确度的探测器来完成它的搜索使命。

2013年3月，在欧洲核子研究组织的一个讲座里，丁肇中教授宣布，AMS已观察到超过40万个正电子。能量为10～250吉电子伏的区域内，正电子与电子比例随着能量增强而增加，但在高能量区域显示出较缓慢的增加速度，并没有随时间演进而出现任何显著的变化，也没有出现任何特别入射方向。这些结果与正电子源自太空的暗物质湮灭理论相符合，但尚不足以确定并排除其他解释。相关结果已发表于《物理评论快报》。AMS仍在收集更多数据。

▲ 阿尔法磁谱仪在国际空间站的位置

国际空间站的意义

科学研究的平台

自从国际空间站可以居住，航天员就开始研究微重力和其他空间环境对人类的效应。随着空间站的规模逐渐增大，各种研究设施陆续到位，研究的规模和领域也不断扩大。NASA有13个实验室，ESA有11个实验室。截止到2013年3月，国际空间站上的研究项目为1502项，参与研究的人数为1667人，参与研究的国家为69个；上传到ISS的物资共48835.3千克，返回到地面的物资为11320.0千克，累计乘员操作时间为19623.2小时。

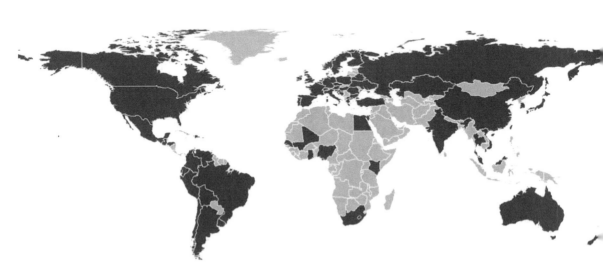

▲ 参与ISS科学研究的国家分布

全球教育的课堂

美国约有3 000万学生和1.5万名教师参加了国际空间站的科学活动及示范。在国际空间站上特别安排了一些学生实验和用于教学目的的优秀教育论证。

▲ 学生与航天员互动

▲ 由中学生拍摄的地球表面图片

促进地面高技术发展

在太空进行的实验主要针对以下方面：蛋白质单晶生长、细胞/组织培养、改进地面铸造技术、沸石结晶、节能减排技术、喷雾灭火技术、医疗健康、遥感医疗技术。

改善人类生活质量

在国际空间站上的许多科研成果，如乙烯基二氧化钛空气纯化技术、碳氢化合物探测技术、药物微封装技术、显微镜的锁靶技术、表面处理技术，都可用于改善人类生活质量。

加强灾害观测

国际空间站是一个"全球观测与诊断站"，通过国际性的地球观测，可以了解和解决人类家园的环境和灾害问题。乘员进行地球观测可以提供对地球科学有用的图像，利用这些结果可以监测海岸线的变化、及时记录火山爆发、发现南极冰山破裂和漂移等事件。国际空间站已提供了32.5万幅照片，供大家使用。

提高饮用水质量

国际空间站内的"环境与生命控制支撑系统"(ECLSS)为航天员提供饮用水、烹调用水和卫生用水，水循环技术已经达到很高的水平，用这种系统可以对航天员排放的尿液以及站上其他污水进行回收处理，并且将其净化成为可饮用的洁净水。

目前，这种系统已经被引进到地面，在一些水质不好或水源受到污染的地区，使用这种系统，可以让居民饮用到洁净水，这对于提高居民健康水平和疾病预防都有重要意义。

指导农业管理

国际空间站上携带一个"国际空间站农业摄像机"(ISSAC)，用于对农作物和地球的生态环境进行监测。根据ISSAC拍摄的图像，农业技术人员可以判别作物生长情况，是否遭遇病虫害，是否长势良好。而且还可以在地面上操作ISSAC。

遥感医学诊治

国际空间站上的超声波和遥感医学方法已经用于拯救地球上的生命。NASA在国际空间站上有一项"微重力高级诊断超声波"(ADUM) 研究，这项研究训练航天员使用超声波仪器，实时地将图像发送回地球并交到医生手里，由医生做出医学诊断。这项技术可以提供地球上边远地区病人医检的详细情况，并帮助其尽快做出医学判断。

太空产品开发与新技术验证

早在和平号空间站上，苏联就进行了太空产品开发的尝试。国际空间站完备的科学试验设施为太空产品开发提供了优越的条件。目前已经开展的工作包括蛋白质单晶生长、疫苗开发、合金半导体的晶体生长及多种新型材料的研制。

利用空间站内的微重力环境及站外的真空环境，可进行多方面的新技术验证，如2012年美国国防部开展的新型原子钟试验。

激励学生参加研究

参加国际空间站科学活动的有来自全世界的学生。如果你对空间站上的科学和技术感兴趣，可访问NASA的教育实验网站，以了解关于学生参加活动的情况。网址是：http://www.nasa.gov/offices/education/about/index.html。该网站列举了许多适合于中学生参与的科学研究活动，即使不能直接参与，了解这些活动也是很有意义的。

◀ 美国大学生在研究土壤表层水的排斥

◀ 孩子们正在做各种科学实验

值得注意的教训

贪大求全，建设缓慢！

按照1996年制订的计划，国际空间站应在5年后，即2001年发射首个实验舱，供由3名航天员组成的常驻乘员组居住工作，随后要求能住6人。实际情况是，由于经费不到位及合作国之间的协调困难，特别是2003年哥伦比亚号航天飞机失事，计划执行进度被大大推迟。另外，由于设计上贪大求全，国际空间站过于庞大，再加上建站过程中过于依赖航天飞机，导致建站工作进展缓慢，一直到2011年，才基本完成空间站的建站任务。

缺少完整的顶层设计！

像国际空间站这类超大型航天器不可能在地面造好后，整体发射到太空，必须而且只能采取化整为零、边建造、边应用的发展模式。为此，必须建立包括空间站的物理配置、功能特性、技术性能、人员操作及天地控制大回路等因素的多任务、多目标规划的数学模型，利用数学模型设计、分析、编制和评估满足空间应用要求的综合规划和协调程序。而国际空间站的整个建设过程缺少完整的顶层设计。

载荷迟到，放置无序！

为了提高空间站应用的效果，必须有一定数量的有效载荷。在"平台优先"的指导思想下，有效载荷的运送往往是见缝插针，不能按计划及时如数到位，因此，空间站应用任务也就难以保证。随着时间的推移，空间站的储藏室或库房里堆积起各种用过的或废弃的设备和器材，形同垃圾，既不能抛入太空产生空间碎片，也没有必要和能力将它们带回地面。

人为失误时有发生！

设备故障和人为操作失误是长期性空间站在所难免的。2001—2006年，国际空间站俄罗斯舱空间应用任务故障分类统计为：研究设备故障34%，服务系统故障26%，软件故障7%，维护操作失误（含乘员和地面人员）33%。

运输能力严重不足！

国际空间站上空间应用取得的成果返回地面，起初完全靠航天飞机。在2003—2006年航天飞机中断飞行期间，需送回地面的物品只能靠联盟–TMA 载人飞船返回时捎带一些。联盟–TMA飞船的运载能力，除了3 名航天员外，最多只能捎带50千克的返回物品。彻底解决返回运输能力不足的问题，有待于研制新的可重复使用的载人飞船，使其具有同时携带3 名航天员和500千克物品的返回能力，或者应当配备可重复使用的充压无人飞船。

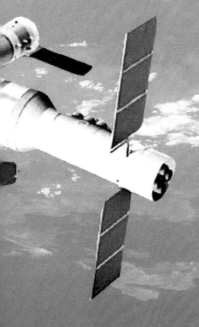

第6章

中国未来的空间站

　　面向空间科学前沿和国家迫切需求，中国未来的空间站将依据我国国情，设计理念为采用水平对称T形构型作为空间站三舱组合体基本拓扑结构，通过交会对接和舱体转位组装构成空间站基本构型，同时配置舱外机械臂等设备，协助航天员完成舱外建造、维护、维修，以及舱外载荷操作任务。

　　本页图为中国未来空间站设想示意图。

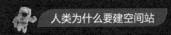

中国建立空间站的蓝图

设计理念

中国发展空间站的设计理念是面向空间科学前沿，面向国家迫切需求，不盲目模仿，突出前沿性、创新性，充分利用空间站的特点和优势，引领未来，推动我国空间站应用取得重大突破。

依据上述设计理念，中国空间站工程总体方案坚持以下基本原则：

● 符合中国国情，有所为有所不为；

● 规模适度，留有发展空间；

● 具有突出的中国元素和核心内涵；

● 具有与中国不断增强的大国地位相匹配和适应的能力，体现国家发展的战略目标，以创新驱动发展；

● 追求技术进步，充分采用当代先进技术建造和运营空间站，全面掌握大型空间设施的建造和操作技术；

● 注重应用效益，在空间站应用领域取得重大科技创新成果；

● 追求运营经济性，走可持续发展的道路。

依据上述基本原则，中国空间站拟为三舱的合体，即核心舱、实验舱Ⅰ和实验舱Ⅱ，通过交会对接和舱体转位组装构成空间站基本构型。运行轨道倾角为42°～43°，轨道高度为340～450千米的近圆轨道。它的设计寿命10年，并具有通过维护、维修延长使用寿命的能力。额定乘员3人，可以适应2人或无人值守飞行。建造期间，航天员乘组采用间断方式访问空间站；建造完成后，采用乘组轮换方式，实现航天员长期连续在轨工作和生活，轮换时最多可载6人。配置舱外机械臂等设备，协同航天员完成舱外建造、维护与维修，以及舱外载荷操作任务。

应用目标

● 空间科学前沿探索：重点领域进入世界先进行列，做出一批具有国际影响的重大发现，推动我国空间科学整体水平的提高。

● 空间应用技术：掌握关键核心技术，达到世界先进水平，支撑空间站高水平科学和应用产出，引领未来10～20年技术发展。

● 其他应用：为解决国家迫切需要的重大应用问题提供和验证先进的解决方法和手段，获得某些重大应用效益。

中国空间站的结构

三舱结构

　　根据中国载人航天工程总设计师周建平院士的介绍，中国空间站总体构型采用水平对称T形结构，所有舱段均位于同一水平面上。空间站核心舱前端指向飞行方向并设置节点舱，节点舱对地方向和轴向前端各设置1个对接口用于载人飞船与空间站对接和停靠。在核心舱后端轴向设置1个对接口用于货运飞船对接和停靠。节点舱左右两边各设置1个停泊口，分别用于实验舱Ⅰ和实验舱Ⅱ的长期停靠，对天方向设置供出舱活动的出舱口。

　　未来的中国空间站以核心舱为主，统一控制和管理空间站组合体。核心舱的节点舱在空间站建造初期和技术验证阶段兼做气闸舱，在空间站建造完成后，用做备份气闸舱。以核心舱的密封舱为主，配置航天员生活设施。核心舱还具有一定的有效载荷实验能力。实验舱Ⅰ由密封舱、气闸舱和资源舱构成。密封舱除科学实验外，还用于存放航天员消耗品和补给货物、备份空间站核心舱部分平台功能。实验舱Ⅱ由密封舱、多功能巡天光学设施非密封舱和资源舱构成。空间站三舱基本构型将采用对接和转位的方式完成建造。在没有航天飞机类的大型运输工具情况下，中国空间站将利用舱段交会对接和平面转位方式完成积木加局部桁架混合构型大型空间站的组装建造，在航天员、货运飞船和机械臂支持下，可完成类似国际空间站的复杂舱外建造和操作活动。

空间站环境控制和生命保障

　　未来的中国空间站将采用再生生命保障系统，实现资源再生利用，空间站环境控制和生命保障统一由核心舱进行密封舱气体成分、压力、温湿度控制，以及水回收管理、微生物控制和废弃物管理。核心舱配置一定数量非再生生保物品，供应急情况下保障维修时使用。再生生命保障技术将较好地实现资源再生利用，大幅降低货运保障需求。未来我国空间站资源再生利用要达到与国际空间站相当的技术水平。

空间站舱外操作设备

　　在神舟七号出舱活动舱外服技术基础上，空间站将研制新一代飞天舱外服，提高其环控、电源、通信保障能力，以全面满足空间站建造、维修、维护的需求。空间站核心舱配置大型机械臂1个，实验舱配置小型机械臂1个。2个机械臂可独立或协同工作，也可组合为1个机械臂，扩大作业范围。此外，舱外服、气闸舱、机械臂、舱外操作工具和出舱活动辅助设备等将共同支持航天员完成舱外移动、建造、操作、维护维修等任务，保障人类在空间作用的充分发挥。

航天员工作与生活保障

　　空间站是航天员在太空长期工作与生活的场所，也是保障人类在太空长期健康生活和有效工作的最佳平台。本着"以人为本"的理念，空间站应充分考虑声、光、电、热、辐射、气体等空间环境，以及工效、心理、美学因素的影响，要为航天员提供宜居的生活环境，配置丰富的锻炼、娱乐设施，提供全面的医学监督和医学保障，以保障航天员长期健康生活和有效工作。

寄希望于中国空间站

空间站的扩建

空间站建造完成后，要运营10年以上，其扩展能力必须在方案设计阶段统筹考虑。因此，空间站应具备良好的舱段扩展、能源扩展和应用支持扩展能力，以适应可能产生的新的重大科研需求。空间站应在现有三舱构型基础上，预留机、电、热等扩展接口，具有对接新舱段的能力。另外，空间站应有接纳他国航天器访问并安装舱外实验平台或实验设备的能力。

空间站进行舱段扩展，需要发射一个带有节点舱的新舱段。空间站能源扩展的优先方案是将核心舱太阳能电池板转移并安装在实验舱Ⅰ和Ⅱ尾部桁架上，沿实验舱轴向方向展开。这样可以将空间站资源有效重组利用，无其他形式能源扩展带来的上行运输需求。空间站应支持扩展能力，即核心舱、实验舱Ⅰ和实验舱Ⅱ预留舱外实验平台、载荷挂点及接口，用于运营阶段扩展舱外实验能力。利用上述3种扩展方式，空间站最多可增加1个核心舱、2个科学实验舱、4个大型舱外暴露实验平台，并可在舱外外挂大型实验载荷。扩展后的最大规模可达180吨，长期乘员人数3~6人。

载人飞船和货运飞船

　　中国空间站将由神舟载人飞船往返运送航天员乘组和少量物资。航天员访问空间站期间，载人飞船停靠于空间站，供航天员正常和应急返回。在正常情况下，载人飞船应在入轨后2天内与空间站对接，最长可停靠180天，撤离后返回舱在1天内返回现有着陆场。载人飞船对接端口为节点舱轴向和径向端口，必要时，也可对接在核心舱后端口。货运飞船直径为3.35米，预计其上行货物运输能力6500千克，下行销毁废弃物能力6000千克，货运载荷比达46，达到甚至超过国际水平。

空间站工程应用

　　中国空间站应用将突出有人操控和空间站大平台特点，瞄准空间科学技术前沿，兼顾科学探索和空间资源开发需要，坚持创新驱动原则，推动原始创新。在空间科学研究领域，力争取得一批具有国际影响的重大成果，推动我国空间科学的一些重要领域进入世界先进行列；在空间技术领域，中国将开发和试验一批前沿核心关键技术，为未来我国航天技术发展、载人深空探测和空间应用提供有力支撑；在航天医学领域，中国将瞄准航天医学发展的制高点，解决制约长期载人航天飞行的主要医学问题；在空间应用方面，中国在某些领域取得重大应用效益，为国家经济社会发展做出贡献。

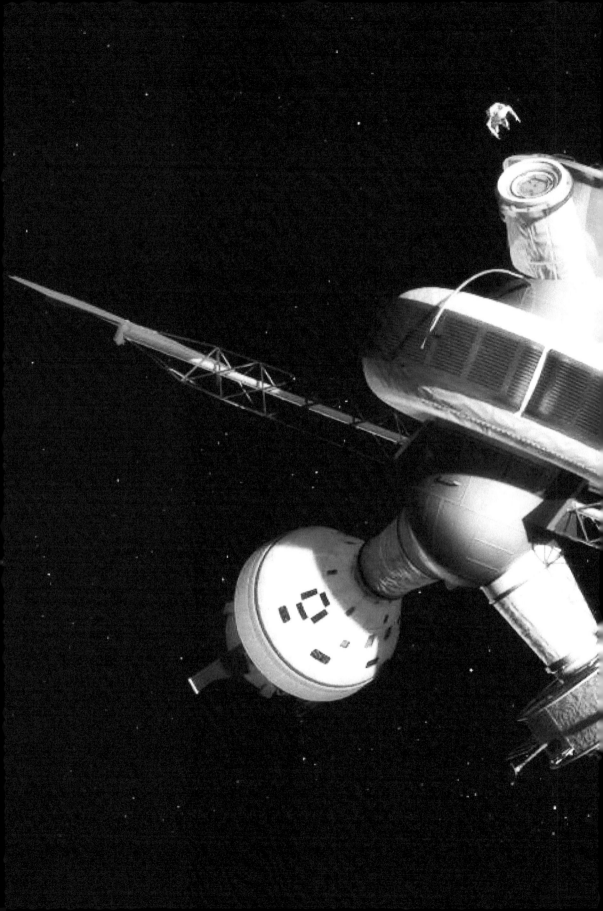

第 7 章

空间站的未来

　　人类探索太空的脚步一直在不断前行，面对空间站的未来，大多数国家都倾向于将空间站视为人类探索深空的中转基地、太空产品的开发基地、太空旅游基地、新技术开发与验证基地，具体未来如何发展，让我们拭目以待。

　　本页图为未来位于地月 L2 点的载人飞船。

人类探索深空的基地

火星之旅中航天员面临的挑战

早在20世纪60年代末，人类就登上了月球，下一个登陆目标很可能是火星。在太阳系中，火星是距离地球第二近的行星，但到达火星的单程就得花费8个多月的时间。因此，如果开展载人探索火星计划，航天员在太空旅途中及火星表面停留的时间，至少要500天。不仅时间漫长，所经历的环境也将错综复杂。

火星之旅，从发射到返回地球，航天员将经受多种情况的重力变化。从地球发射到进入行星际飞行轨道之前，航天员经历的是过载过程，身体仿佛受到巨大的压力。在进入行星际轨道后，航天员处于失重状态，或者说是微重力状态。在切入火星轨道时，飞船要减速，在此过程中航天员处于低重力环境。进入火星大气层期间，将受到大气层的阻力，速度剧降，航天员处于过载状态。当打开降落伞后，这种过载状态将更加严重。当航天员降落到火星后，在整个火星表面科考期间，将处于低重力状态，因为火星的重力加速度只有地球的38.7%。在从火星返回地球的过程中，情况与离开地球是类似的，航天员将重复经历过载、微重力、过载的过程。显然，重力环境急剧的、多种方式的变化，对航天员身心的考验是极其严峻的。

载人探索火星将遇到的另一个问题是辐射。辐射危险主要来自银河宇宙线(GCR)和太阳能量粒子事件(SPE)。GCR源于太阳系外面，由98%的重子和2%的电子组成。而重子的主要成分是87%的质子、12%的 α 粒子和大约1%的重核。GCR的能量范围超过15个量级，从低于1兆电子伏到10^{15}兆电子伏。

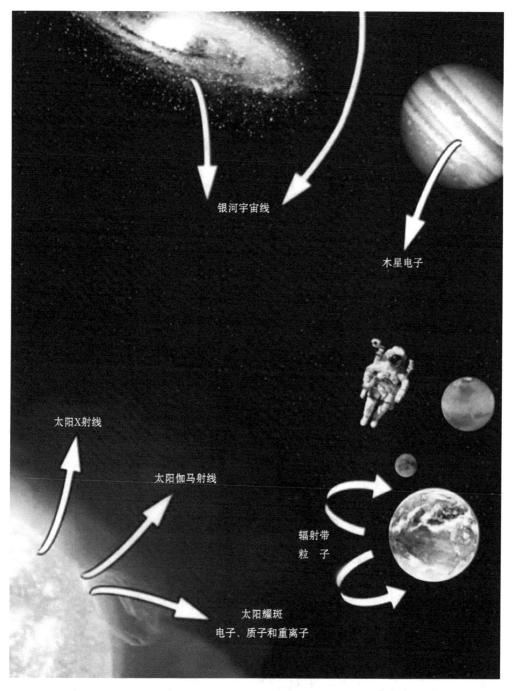

银河宇宙线

木星电子

太阳X射线

太阳伽马射线

辐射带
粒 子

太阳耀斑
电子、质子和重离子

▲ 载人探测火星时经历的辐射环境

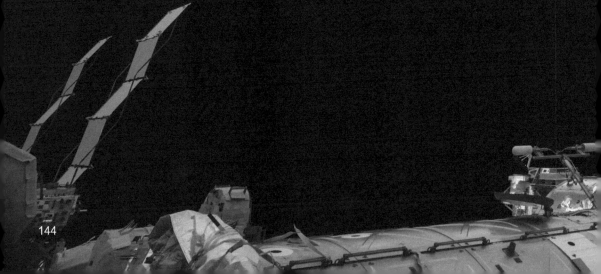

由于失去了地磁场和地球大气层对辐射的防护作用，在进入行星轨道后，飞船将直接受到来自银河系及银河系以外的宇宙射线的影响。当太阳发生耀斑和日冕物质抛射等暴发性活动时，飞船和航天员还将受到太阳高能质子、X射线和伽马射线的作用。当飞船在火星着陆后，由于火星的磁场很弱，大气层也很稀薄，因此无法阻挡银河宇宙线和太阳能量粒子，辐射环境将更加严重。

在载人探测火星的过程中，航天员所处的生活环境也将发生很大变化，并且这种变化将一直持续很长时间。在行星际飞行阶段，3~6名机组人员生活在一个拥挤的容器内，远离亲人，很少与地球通话，心理和生理都面临考验。此外，在到达火星后，考察阶段一般要持续几个月的时间。平时大部分时间身穿航天服，与同事交流也要通过无线电，与家人通话的时间更短暂。这种环境很容易使航天员患上抑郁症。

航天员能否经受住上述这些复杂多变环境的考验，是一个突出的问题。为了解决这一问题，唯一的办法就是加强训练，而空间站在轨停留时间长，为训练航天员提供了非常好的平台。

迈入深空的前沿

　　人类探索地球以外的天体需要做多方面的准备，培训航天员只是其中的一项工作。更为重要的是技术准备工作，具体如下：

　　● 深空通信技术。未来的载人深空探索活动需要传输的数据量极大，需要开发新的技术，如激光通信和太赫兹通信等。目前这些技术还不成熟，可以将空间站作为试验平台，加强试验。

　　● 中转平台。不管到月球，还是到火星，都可以将空间站作为中转平台，让航天员适应太空飞行环境，熟悉有关的操作规范。同样，当航天员从其他天体返回时，也可以先进入空间站，待身心适应了近地空间环境后，再返回地球。

　　● 在低地球轨道验证飞船的性能，主要与空间站交会对接。

太空产品开发基地

指导思想

科学研究包括基础研究、应用基础研究和应用研究三个层次。基础研究突出创新性，应用研究突出实用性。应用基础研究是在基础研究的基础上，将其成果向应用转化。在应用研究中，又可以提炼出基础性的问题。在空间站所进行的科学研究中，更应当将这三个层次紧密地联系在一起。

在太空产品开发的过程中，还要处理好太空实验与地面实验的关系。因为在太空进行实验时，空间站始终保持微重力环境，有助于获得预期的效果；但在太空做实验，毕竟成本高昂。因此，在太空做实验的主要目的是发现影响产品质量的主要因素，以指导地面上的实验，便于取得最佳效能比。

太空产品发展方向

开发太空产品应突出两种类型：一是高新技术发展急需的新型材料；二是对人类的健康影响极大的药品及对控制家禽疫情有显著效应的疫苗。

高技术的发展往往以新材料为基础，因此，未来的太空产品开发，要根据高新技术发展的需要，借鉴和平号空间站及国际空间站的经验，在选题、试验装置、试验操作规范、太空产品推广等方面多下功夫。目前在国际空间站上，科技人员已经开发了一些新型材料，如蛋白质单晶体、高纯度半导体晶体以及结构均匀的合金产品等。

防病治病，提高人民的健康水平，这是太空产品开发的另一个重要发展方向。对一些常见病和多发病，一直没有研制出有效的药物，如果我们率先在太空开发出特效药，那将是对人类做出的突出贡献，不仅有可观的经济效益，而且具有巨大的社会效益。

太空旅游基地

适合太空旅游的空间站

　　太空旅游，是指基于遨游太空的理想，到太空去观赏太空风光，以及体验"失重"等内容的旅游方式。2001年4月28日，美国商人丹尼斯·蒂托成为了第一个进入国际空间站的太空游客，商业太空旅游自此开启。太空旅游的发展主要取决于两个因素：安全性和价格。从目前的情况看，安全性是有保证的，突出问题是价格，目前全世界也只有几位亿万富翁实现了太空旅游梦，对普通老百姓而言，太空旅游太遥远，是一个根本无法实现的梦想。

　　怎样才能使价格大幅度降下来呢？根据航天技术发展的情况，应当从三方面入手：一是建立适合太空旅游的空间站；二是发展可重复使用的大型载人飞船；三是研制可重复使用的运载火箭。而目前的空间站肯定不适合旅游，理由是其建设成本高，里面布满了各种科学仪器和设施。美国毕格罗公司为此提出的可充气式结构方案是可行的。BA330型模块预计在2017年之前发射，在国际空间站上进行可行性检验。BA330型模块直径6.7米，长9.5米，质量20吨，充压体积330立方米。这些模块是由多层高强度纤维维克聪（Vectran）制成的，维克聪具有极佳的抗拉性能。毕格罗还计划将BA330型模块组合在一起并形成复合体，即毕格罗阿尔法空间站。

▼ BA330型模块

149

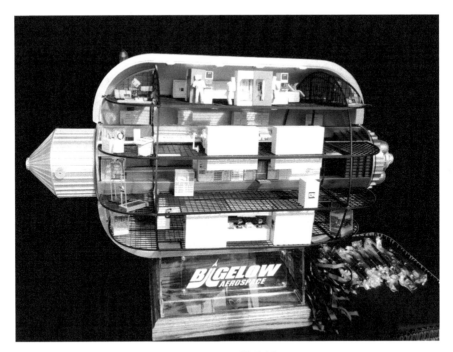

▲ BA2100模块剖面图

▲ 毕格罗阿尔法空间站

通往月球的中转站

　　未来，空间站也将成为通往月球的中转站。航天员飞往月球之前，可先在空间站做短暂停留，以适应微重力环境；返回地球时，不直接进入大气层，而是让返回舱与空间站对接，航天员在空间站内停留一段时间后，再乘飞船返回地球表面。由于目前从月球返回到地球附近时，返回舱的速度接近第二宇宙速度，约每秒11千米，给再入大气层带来风险，而采用这种方式可以大大降低各种风险。未来的月球旅行不仅需要空间站，还将在地球轨道建立众多旅馆、水供应站以及娱乐场所等。

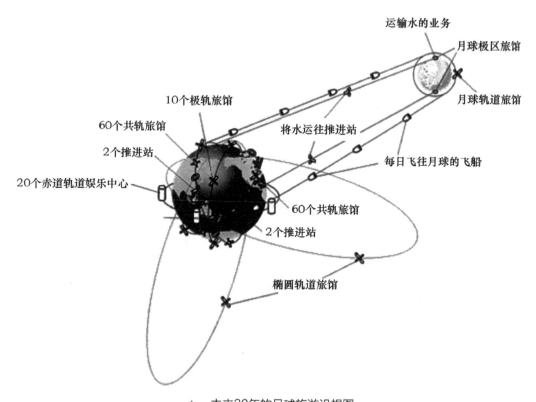

运输水的业务

月球极区旅馆

10个极轨旅馆

月球轨道旅馆

60个共轨旅馆

将水运往推进站

2个推进站

每日飞往月球的飞船

20个赤道轨道娱乐中心

60个共轨旅馆

2个推进站

椭圆轨道旅馆

▲　未来30年的月球旅游设想图

将空间站建在拉格朗日点

地月系统拉格朗日点

拉格朗日点（Lagrangian Point）又称平动点（Libration Point），
在天体力学中是限制性三体问题的5个特解（L1～L5）。两个天体

▼　地球-月球系统拉格朗日点

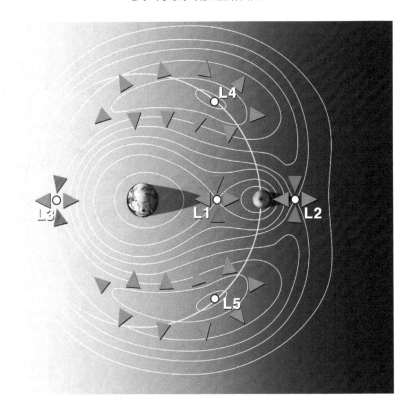

环绕运行，在两者中间有5个位置可以放入第三个物体（如人造卫星，与两个天体相比，质量可忽略不计）。在两个天体的合成引力作用下，第三个物体将保持相对静止。在这5个拉格朗日点中，L1、L2和L3是不稳定的平衡点，也就是说，稍有一点儿外力扰动，物体就会离开拉格朗日点，第154页图中的红色箭头表示物体向中间移动，蓝色箭头表示物体向外移动。而L4和L5是稳定的平衡点。根据计算，在地月系统中，L1和L2到月球的距离均为6万千米。

空间站建在L1和L2点的好处

在地月系统的L1建立空间站可以实现许多重要的功能，首先，在这里便于观测月球的正面，有利于在月球表面的各种着陆器与地球之间的通信；其次，从L1点发射航天器到月球正面任何地方，几个小时到1天就可以到达，这对于处理危急情况是很有利的；再次，如果在此处建立空间站，可以接待到月球的旅游者或临时访问者；最后，这里还可以作为飞往太阳系飞船的维修站。在月球的背面L2点建立空间站，可以完全屏蔽来自地球的电磁波干扰，因此可在此处放置射电望远镜。NASA曾计划将新型载人飞船发射到此处，主要考虑有如下几方面：

● 比L1点或低月球轨道容易到达；

● 用于控制月球背面月球车的运行；

● 航天员可以遥控在艾特肯盆地的取样返回活动；

● 以此为基地，方便探测近地小行星、火星的卫星和火星本身。

拿什么奉献给你，我的读者？

——陆彩云

从神舟五号、六号载人飞船到神舟十号载人飞船，从嫦娥一号人造卫星到嫦娥五号探测器，从天宫一号空间实验室到即将发射的天宫二号空间实验室，全民对太空领域的关注达到了前所未有的高度，广大青少年对太空知识的兴趣也被广泛调动起来。但是，适合青少年阅读的书籍却相当有限。针对于此，我们有了做一套介绍太空知识的丛书的想法。机缘巧合，北京大学的焦维新教授正打算编写一套相关丛书。我们带着相同的理想开始了合作——奉献一套适合青少年读者的太空科普丛书。

虽然适合青少年阅读的相关书籍有限，但也有珠玉在前，如何能取其精华，又不落窠臼，有独到之处？我们希望这套作品除了必需的科学精神，也带有尽可能多的人文精神——奉献一套既有科学精神又有人文精神的作品。

关于科学精神，我们认为科普书不只是普及科学知识，更重要的是要弘扬科学精神、传播科学品德。在图书内容上作者和编辑耗费了大量心血。焦教授雪鬓霜鬟，年逾古稀，一遍遍地翻阅书稿，对编辑提出的所有问题耐心解答。2015年8月，编辑和作者一同在国家知识产权局培训中心进行了为期一周的封闭审稿，集中审稿期间，他与年轻的编辑一道，从曙色熹微一直工作到深夜。这所有的互动，是焦教授先给编辑们上了一堂太空科普课，我们不仅学到知识，也深刻感受到老学者的风范：既严谨认真、一丝不苟，又风趣幽默，还有"白发渔樵，老月青山"的情怀。为了尽量提高内容的时效性，无论作者还是编辑，都更关注国内外相关研究的进展。新视野号探测器飞越了冥王星，好奇号火星车对火星进行了最新探测……这些都是审稿期间编辑经常讨论的话题。我们力求把最新、最前沿的内容放在书里，介绍给读者。

关于人文精神，我们主要考虑介绍我国的研究情况、语言文字的适合性和版式的设计。中国是世界上天文学起步最早、发展最快的国家之一，我们必须将我国的天文学发展成果作为内容：一方面，将一些历史上的研究成果融入书中；另一方面，对我国的最新研究成果，如北斗卫星、天宫实验室、嫦娥卫星等进行重点介绍。太空探索之路是不平坦的，科学家和航天员享受过成功的喜悦，也承受过失败的打击，他们的探索精神和战斗意志，为广大青少年树立了榜样。

这套丛书的主要读者对象定位为青少年，编辑针对他们的阅读习惯，对全书的语言文字，甚至内容，几番改动：用词更为简明规范；句式简单，便于阅读；内容既客观又开放，既不强加理念给他们，又希望能引发他们思考。

这套丛书的版式也是编辑的心血之作，什么样的图片更具有代表性，什么样的图片青少年更感兴趣，什么样的编排有更好的阅读体验……编辑可以说是绞尽脑汁，从书眉到样式，到文字底框的形状，无一不深思熟虑。

这套丛书从 2012 年开始策划，到如今付梓印刷，前后持续四年时间。2013 年 7 月，这套丛书有幸被列入了"十二五"国家重点图书出版规划项目；2013 年 11 月，为了抓住"嫦娥三号"发射的热点时机，我们将丛书中的《月球文化与月球探测》首先出版，并联合中国科技馆、北京天文馆举办了一系列科普讲座，在社会上产生了一定的影响，受到社会各界的好评，2014 年年底，《月球文化与月球探测》获得了科技部评选的"全国优秀科普作品"；2014 年 7 月，在决定将这套丛书其余未出版的九个分册申请国家出版基金的过程中，我们有幸请到北京大学的涂传诒院士和濮祖荫教授对稿子进行审阅，涂传诒院士和濮祖荫教授对书稿整体框架和内容提出了中肯的意见，同时对我们为科普图书创作所做的探索给予了充分肯定，再加上徐家春编辑在申报过程中认真细致的工作，最终使得本套书得到国家出版基金众专家、学者评委的肯定，获得了国家出版基金的资助。

感谢我们年轻的编辑：徐家春、张珑、许波，他们在这套书的编辑工作中各施所长，倾心付出；感谢前期参与策划的栾晓航和高志方编辑；感谢张凤梅老师在策划过程中出谋划策；感谢青年天文教师连线的史静思、王依兵、孙博勋、李鸿博、赵洋、郭震等在审稿过程中给予的热情帮助；感谢赵宇环、贾玉杰、杜冲、邓辉等美术师在版式设计中的全力付出……感谢所有参与过这套书出版的工作人员，他们或参与策划、审稿，或进行排版，或提供服务。

这套书的出版过程，使我们对于自身工作有了更进一步的理解。要想真正做出好书，编辑必须将喧嚣与浮华隔离而去，于繁华世界静下心来，全心全意投入书稿中，有时候甚至需要"独上西楼"的孤独和"为伊消得人憔悴"的孤勇。

所以，拿什么奉献给你，我的读者？我们希望是你眼中的好书。

附：《青少年太空探索科普丛书》编辑及分工

分册名称	加工内容	初审	复审	审读	编辑手记审校
遨游太阳系	统稿：张珑 文字校对：张珑、许波 版式设计：徐家春、张珑 3D 制作：李咀涛	张珑	许波	陆彩云 田姝	张珑 徐家春
地外生命的 365 个问题	统稿：徐家春 文字校对：张珑、许波 版式设计：徐家春 3D 制作：李咀涛	徐家春	张珑	陆彩云 田姝	
间谍卫星大揭秘	统稿：徐家春 文字校对：许波、张珑 版式设计：徐家春	徐家春	张珑	陆彩云 田姝	
人类为什么要建空间站	统稿：张珑、徐家春 文字校对：张珑 版式设计：徐家春、张珑	许波	徐家春	商英凡 彭喜英 陆彩云	
空间天气与人类社会	统稿：徐家春 文字校对：张珑、许波 版式设计：徐家春	徐家春	张珑	陆彩云 田姝	
揭开金星神秘的面纱	统稿：张珑 文字校对：陆彩云、张珑 版式设计：张珑 3D 制作：李咀涛	张珑	徐家春	吴晓涛 孙全民 陆彩云	
北斗卫星导航系统	统稿：徐家春 文字校对：许波、张珑 版式设计：徐家春	徐家春	张珑	陆彩云 田姝	
太空资源	统稿：徐家春、张珑 文字校对：许波、张珑 版式设计：徐家春、张珑	许波	徐家春	陆彩云 彭喜英	
巨行星探秘	统稿：张珑 文字校对：张珑、许波 版式设计：徐家春、张珑	张珑	许波	陆彩云 孙全民 吴晓涛	